张 瑶 主编　　崔希栋　赵 洋　副主编

榫卯的魅力

The Charm of Mortise and Tenon

中国科学技术馆馆史书系

History Book Series of
China Science and Technology Museum

化学工业出版社

·北京·

图书在版编目（CIP）数据

榫卯的魅力/张瑶主编；一北京：化学工业出版社，
2020.2（2024.6重印）
ISBN 978-7-122-35933-9

I.①榫… II.①张… III.①建筑结构-木结构-介绍-中国
②木家具-木结构-介绍-中国 IV.①TU366.2②TS664.101

中国版本图书馆CIP数据核字(2019)第297794号

责任编辑：王 雪 宋 娟
责任校对：李雨晴
装帧设计：张龙梅 梁 潇

出版发行：化学工业出版社
　　　　　（北京市东城区青年湖南街13号 邮政编码100011）
印　　装：北京盛通印刷股份有限公司
787mm×1092mm　1/16　印张$10\frac{1}{2}$　字数200千字
2024年6月北京第1版第7次印刷

购书咨询：010-64518888
售后服务：010-64518899
网　　址：http://www.cip.com.cn
凡购买本书，如有缺损质量问题，本社销售中心负责调换。

定　　价：98.00元　　　　版权所有　违者必究

《中国科学技术馆馆史书系》序言

中国科学技术馆是我国唯一的国家级综合性科技馆，是实施科教兴国战略、人才强国战略和创新驱动发展战略，提高全民科学素质的大型科普基础设施。除了提供科学性、知识性、趣味性相结合的展览内容和科学教育，中国科学技术馆还承担了流动科技馆、科普大篷车、数字科技馆、农村中学科技馆等项目的管理和服务任务，自身服务于中国特色现代科技馆体系建设与科普事业发展的职责和任务不断拓展，其促进理论研究、引领事业发展使命光荣、任重道远。

自 1988 年 9 月一期工程建成开放，中国科学技术馆已走过了 30 个年头。30 年中，中国科学技术馆经历了一期、二期和新馆三个阶段的建设发展；30 年里，中国科学技术馆事业在迎接各种发展机遇、应对各种挑战中砥砺前行；30 年来，几代中国科学技术馆人在学术研究、实践探索和开拓前进中积淀了宝贵的经验，积累了一批珍贵的历史文献、技术资料。

不忘初心，方得始终；以史为鉴，得失明知。中国科学技术馆策划、编著"中国科学技术馆馆史书系"丛书，旨在真实记载中国科学技术馆的发展历程，系统反映重要的展览展品内容，深度挖掘其不为人熟知的魅力，客观总结建设发展的经验，让中国科学技术馆的历史焕发出勃勃生机。丛书兼顾学术性、资料性和可读性，成熟一本，出版一本，力求质量，系列出版，自成体系。希望不仅能帮助读者了解中国科学技术馆事业发展历史，同时能对展览展品设计和科技教育工作提供启发、借鉴和帮助。

殷皓

中国科学技术馆馆长

前　言

　　榫卯是 7000 年前古代中国人的一项重大发明。它是木构件上采用的凹凸连接方式。凸的部分叫榫,凹的部分叫卯,榫头插入卯眼中,两块木头就会紧紧地连为一体,使独立的、松散的构件结合成具有荷载能力的结构体。榫卯用途广泛,它不仅是中国古典建筑和家具的核心构成元素,还被应用于舟车、造桥等其他领域。中国古代工匠创造出种类繁多、精巧无比的各式榫卯。构件之间,不用一根金属钉,就可以做到间不容发、天衣无缝,体现了古人的设计匠心与造物智慧。除了精美、实用等优点外,榫卯结构还蕴含着中国古人的阴阳互补、虚实相生的哲学思想,凝结了中国几千年的传统文化精粹。

　　榫卯是古代科学技术与文化艺术的美妙结晶,承载着造物领域的民族记忆,凝聚了中国人追求完美、精益求精的工匠精神。但是随着科技的发展,木材之间的榫卯连接渐渐被五金构件、化学黏合剂所取代,公众对这项传统工艺的了解越来越少。为响应习近平主席提出的"践行文化自信,努力展示中华文化独特魅力"的号召,中国科学技术馆自主研发了"榫卯的魅力"主题展览。展览面积为 2000 平方米,展品 38 件(套),共设置 5 个单元:七千年前的发明、古代建筑的智慧、中式家具的灵魂、形形色色的榫卯、现代榫卯的演变。展览以榫卯为中心,通过实物、微缩模型、互动模型、多媒体、木工工坊等丰富多彩的展览与教育形式,讲述榫卯的起源,展示榫卯工艺在古代建筑、中式家具、造船造桥等不同领域以及现代生产生活中的应用。旨在传播古代科技、传承文化遗产、弘扬工匠精神，引领观众感受榫卯经久不衰的魅力。

我们特将展览内容汇编成《榫卯的魅力》展览图文集，借此让更多的人走近榫卯，了解这一中国古老的传统工艺，感受其科学精巧的设计、深厚的文化底蕴与含蓄的内在美。

展览在筹备过程中得到了许多专家学者的指导与帮助，在此表示诚挚的感谢和敬意。展览参考和引用的图书与论文，因图书体例的缘故，未能在书中一一注明，我们也在此向文献作者表示感谢。

谨以此展览与图文集致敬中国历史上的能工巧匠们。

《榫卯的魅力》编委会

目 录

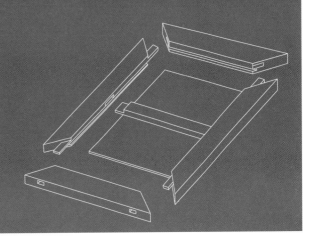

中国历史年表

朝代		年代
夏		公元前 2070—前 1600 年
商		公元前 1600—前 1046 年
周	西周	公元前 1046—前 771 年
	东周 *	公元前 770—前 256 年
秦		公元前 221—前 206 年
汉	西汉	公元前 206—公元 25 年
	东汉	公元 25—220 年
三国		公元 220—280 年
西晋 东晋 十六国		公元 265—439 年
南北朝	南朝	公元 420—589 年
	北朝	公元 386—581 年
隋		公元 581—618 年
唐		公元 618—907 年
五代		公元 907—960 年
宋	北宋	公元 960—1127 年
	南宋	公元 1127—1279 年
元		公元 1206—1368 年
明		公元 1368—1644 年
清		公元 1644—1911 年

* 春秋时期：公元前 770—前 476 年
战国时期：公元前 475—前 221 年

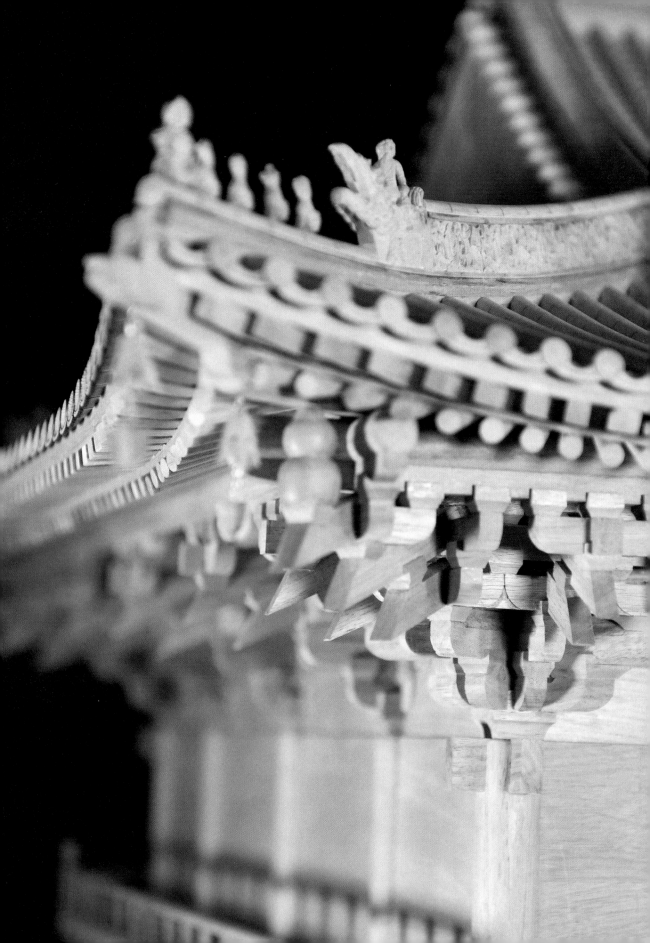

第一章

七千年前的发明

中国的榫卯结构起源于新石器时代。距今 7000 年前，河姆渡人（生活在今天的浙江余姚地区的一个原始部落）在建造干栏式建筑时，已经使用榫卯技术。从河姆渡文化遗址出土的木构件大到柱、梁、枋、板，小至栏杆的木楞，都无一例外地采用了这种先进的密合连接方式。正因如此，榫卯被称为早于汉字历史的民族符号。

一、巢居
——一种原始的居住形式

巢居是指上古时期，居住在地势低洼、潮湿地区的原始人类为躲避蛇、虫、野兽的侵袭，在树木上用树枝搭架而成的居所，因其形状类似于鸟巢，故名巢居。

原始的巢居是在单株大树上架巢，即在分枝开阔的树杈间铺设枝干茎叶，构成居住面，其上再将枝干相交构成避雨的棚架。后来发展为在相邻的多棵树上架巢，到新石器时代中期演变为干栏式建筑。

巢居模型

二、干栏式建筑

　　距今 7000 年前，河姆渡人在巢居的基础上发明了干栏式建筑。这种建筑是用竖立的木桩构成高出地面的底架，底架上有大小梁木承托着的悬空的地板，板上立柱安梁，用芦席围墙、茅草盖顶，上面住人，下面饲养牲畜。最大单幢建筑面宽至少23 米，进深约 7 米，前檐有宽约 1.1 米的走廊，其前沿设直棂

木栏杆。地板高出地面0.8~1米，用木梯上下。

　　干栏式建筑的建造模式使其既能防水防潮，又能躲避虫兽侵袭。河姆渡干栏式建筑是中国最早的木构建筑，其梁架等构造中已采用榫卯结合工艺。

干栏式建筑模型

三、河姆渡木榫卯（文物）

　　右图为河姆渡遗址出土的榫卯木构，距今约 7000 年。1973 年，在河姆渡遗址，人们发现了大量榫卯结构的木质构件，这是我国迄今为止已发现的最早的榫卯。这一时期金属工具尚未出现，使用石器加工木料并非易事，因此榫卯大多比较粗糙，只在原木上稍做修整。但对当时的原始生产水平而言，榫卯技术已经达到相当高的水平，多种明清时期常用的柱头柱脚榫、燕尾榫、企口榫等榫卯在当时已经出现雏形。这些榫卯结构主要应用在河姆渡干栏式房屋的建造上。

河姆渡木榫卯（文物）

四、鲁班锁

鲁班锁是一种古老的益智玩具，传说是由中国古代工匠鲁班发明的。鲁班锁，亦称孔明锁、难人木等，它起源于中国古代建筑中的榫卯结构，拼装时需要仔细观察，认真思考、分析，有利于开发智力，让手指变得灵活。鲁班锁具有结构巧妙、扣合严密、易拆难装的特点。随着鲁班锁的流传，民间又逐渐在六根锁的基础上派生出不同数量、不同形式的鲁班锁。可以说，鲁班锁是榫卯技术发展到一定程度的表现。

鲁班锁

扫码有惊喜

第二章

古代建筑的智慧

以木构架为主要结构方式的中国古代建筑，风格独特、自成体系，在世界建筑史上独树一帜，是人类建筑宝库中的一颗明珠。中国的木构架一般包括柱、梁、枋、檩、斗拱、椽子等基本构件，这些构件相互独立，需要用榫卯结构连接起来才能组成建筑。因此，榫卯结构是中国古代木构建筑系统的基本特征，也是中国建筑中最早具有科学意义的设计语言。中国古代出现过很多历经几百年不倒的建筑传奇，这些木构古建筑经受了多次地震的考验仍能安然无恙、巍然挺立，很大程度上归功于榫卯结构的巧妙设计。

一、现存历代古建模型举例

1. 佛光寺大殿

中国现存规模最大、结构最复杂的唐代木构建筑，位于山西省五台县，建于唐大中十一年（857年）。大殿为单檐庑殿顶，面阔7间❶，进深4间，通长34米，总进深约17.66米。构架为殿堂型，由下层柱网层、中层铺作层和上层屋架层水平层叠而成。屋面坡度舒缓，出檐深远，檐下有雄大的斗拱，整体雄浑庄重、简洁明朗，彰显了大唐建筑的艺术风采。

---

❶ 四根柱子围合的一个空间叫一间。

佛光寺大殿实景图

佛光寺大殿模型（1∶35）

2. 独乐寺观音阁

中国现存最早的木构楼阁式建筑，位于天津市蓟州区，相传始建于唐朝，后于辽统和二年（984年）重建。它是一座三层的木构楼阁，其中第二层为暗层，通高23米，阁顶为单檐歇山顶。阁平面为长方形，面阔5间，进深4间。这座建筑的特色是中央有一个从上到下的大天井，用来容纳16米高的观音塑像，四周设两层围廊，人们可以在各层从不同角度进行观赏。

整个建筑的斗拱种类繁多，上下檐的斗拱粗大雄伟，排列疏朗，起承重作用。位于底层斗拱以上和平座楼板以下的夹层，在柱间施以斜撑，增强了结构的刚度，再加上榫卯结构"柔性构造"的减震作用，使得它1000多年来经受了28次地震的考验仍安然无恙，挺立至今。

独乐寺观音阁实景图

独乐寺观音阁模型（1 : 25）

3. 晋祠圣母殿

宋代建筑的代表作，建于北宋天圣年间（1023—1032 年），
崇宁元年（1102 年）重修。大殿为重檐歇山顶，面阔 7 间，进
深 6 间，殿高 19 米。屋顶覆盖黄琉璃瓦绿剪边，殿四周环绕回廊，
前廊进深 2 间，极为宽敞。其构架采用了减柱处理，以廊柱和

晋祠圣母殿实景图

檐柱承托殿顶梁架，殿内不立一根柱子，从而扩大了殿内空间。大殿正面 8 根下檐柱上有木制雕龙缠绕，是《营造法式》中所记载的缠龙柱的现存孤例。整座建筑外形秀丽柔和，反映了北宋的建筑风格和审美意识。

晋祠圣母殿模型（1：25）

4. 永乐宫三清殿

　　永乐宫为元代道观建筑的典型，位于山西省芮城县永乐镇，相传是道教祖师之一吕洞宾的故居。永乐宫建筑规模宏伟，现存的主要建筑有三大殿，包括三清殿、纯阳殿、重阳殿。其中三清殿是永乐宫的主殿，面阔 7 间，进深 4 间，单檐庑殿顶。殿内减柱，仅用 8 根内柱。其形制独特，立面各部分比例和谐，外观柔和秀美，是元代建筑中的精品。

永乐宫三清殿模型（1：30）

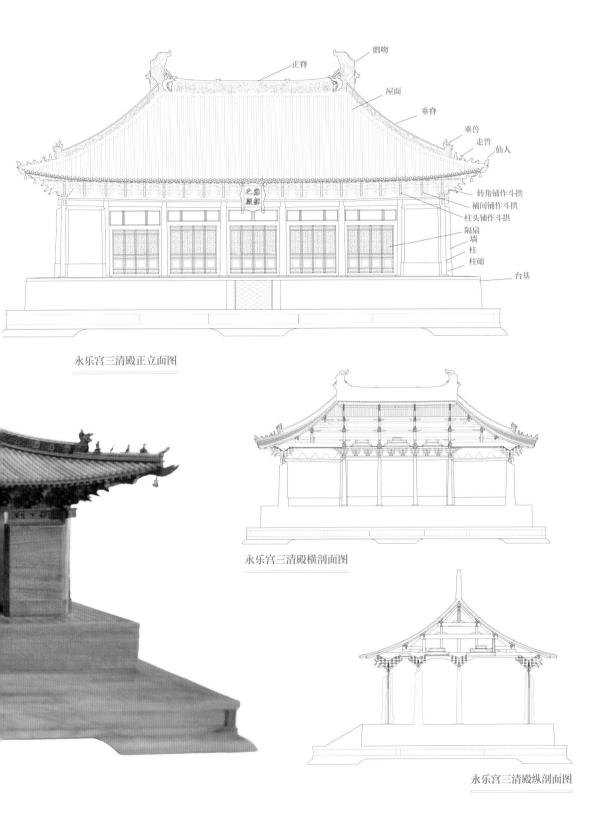

永乐宫三清殿正立面图

永乐宫三清殿横剖面图

永乐宫三清殿纵剖面图

正脊
鸱吻
屋面
垂脊
垂兽
走兽
仙人
转角铺作斗拱
補间铺作斗拱
柱头铺作斗拱
隔扇
墙
柱
柱础
台基

5. 雍和宫牌楼

　　牌楼是中国古代建筑的一个特殊类别，属于一种纪念性或标志性建筑，多建于宫苑、寺观、陵墓、祠堂、衙署和街道路口等地方，具有表彰、纪念、装饰、标识和导向等作用。

雍和宫西牌楼模型（1：15）

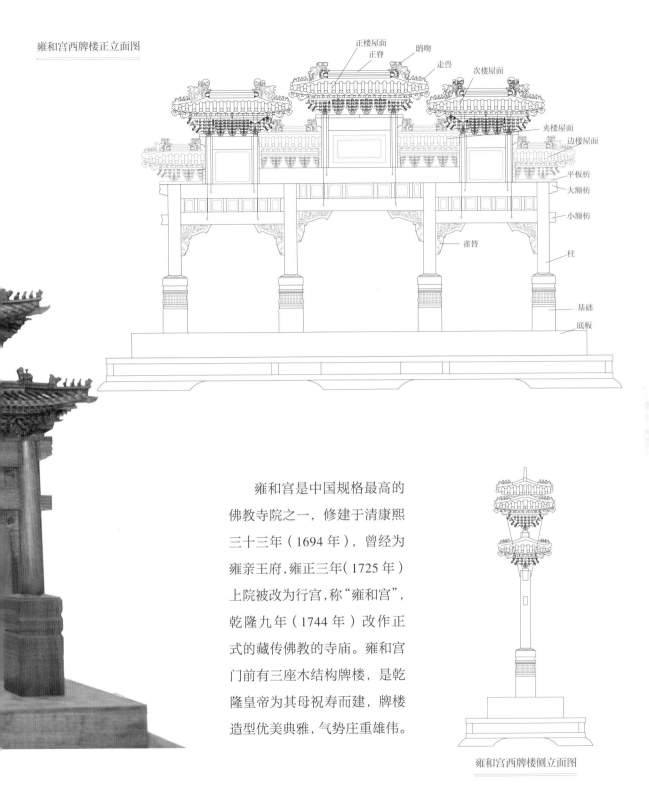

雍和宫西牌楼正立面图

正楼屋面
正脊
鸱吻
走兽
次楼屋面
夹楼屋面
边楼屋面
平板枋
大额枋
小额枋
雀替
柱
基础
底板

雍和宫是中国规格最高的佛教寺院之一，修建于清康熙三十三年（1694年），曾经为雍亲王府，雍正三年（1725年）上院被改为行宫，称"雍和宫"，乾隆九年（1744年）改作正式的藏传佛教的寺庙。雍和宫门前有三座木结构牌楼，是乾隆皇帝为其母祝寿而建，牌楼造型优美典雅，气势庄重雄伟。

雍和宫西牌楼侧立面图

6. 紫禁城角楼

紫禁城角楼坐落在紫禁城城垣四角之上，是拱卫皇城的防御性建筑。角楼初建于明永乐十八年（1420年），高27.5米，平面呈曲尺形，结构为9梁18柱，屋顶有3层，由多个歇山式结构组成复合式屋顶，覆黄琉璃瓦，共72条屋脊。角楼各部分比例协调，檐角秀丽，造型玲珑别致，翘起的檐角层层叠叠，蔚为壮观，是中国古代建筑的杰作。

从紫禁城角楼的局部剖面模型中可以看到紫禁城角楼内部的榫卯结构。

紫禁城角楼实景图

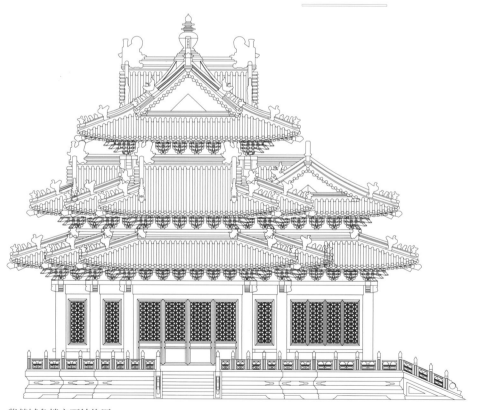

紫禁城角楼立面结构图

紫禁城角楼局部剖面模型（1：20）

二、木构架建筑的三种类型

1. 抬梁式木构架

  抬梁式木构架主要由柱、梁、檩、枋等基本结构组成，其构建形式是在房基上立柱，柱上架梁，再在梁上重叠数层短柱和梁，自下而上，逐层缩短，逐层加高，至最上层梁上立脊瓜柱，

抬梁式木构架模型

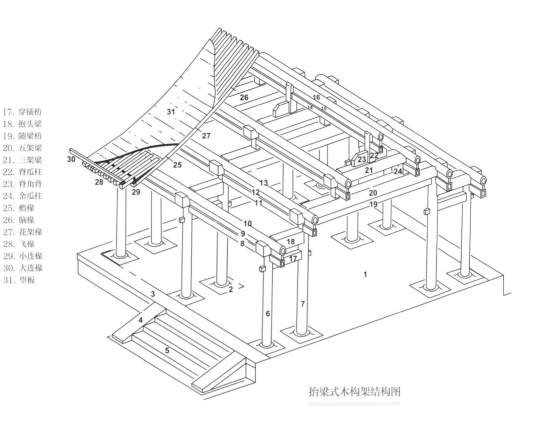

1. 台明
2. 柱顶石
3. 阶条
4. 垂带
5. 踏跺
6. 檐柱
7. 金柱
8. 檐枋
9. 檐垫板
10. 檐檩
11. 金枋
12. 金垫板
13. 金檩
14. 脊枋
15. 脊垫板
16. 脊檩
17. 穿插枋
18. 抱头梁
19. 随梁枋
20. 五架梁
21. 三架梁
22. 脊瓜柱
23. 脊角背
24. 金瓜柱
25. 檐椽
26. 脑椽
27. 花架椽
28. 飞椽
29. 小连檐
30. 大连檐
31. 望板

抬梁式木构架结构图

构成一组木构架。在相邻两组木架间，用横向的枋和檩连接，檩间架椽，构成双坡顶房屋的空间骨架。抬梁式木构架在春秋时已出现，唐代发展成熟，多用在宫殿、庙宇、寺院等大型建筑以及北方民间建筑中。抬梁式木构架的优点在于室内柱子较少，空间开阔，缺点在于用料量较大，消耗木材较多。

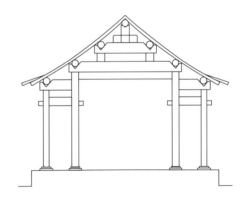

抬梁式木构架侧立面结构图

扫码有惊喜

2. 穿斗式木构架

穿斗式木构架主要由柱、檩、穿、挑等基本结构组成，其建构形式是沿着房屋的进深方向立柱，每根柱上架一檩，檩上布椽，屋面荷载直接由檩传至柱。每排柱子靠穿透柱身的穿枋横向贯穿起来，形成一榀构架。每两榀构架之间，用斗枋把柱子串联起来，形成一间房间的空间构架。这种木构架在汉代已经相当成熟，被中国南方民居普遍采用。穿斗式木构架的优点在于用料量较小，经济实用，缺点在于室内柱子密集，空间不够开阔。

穿斗式木构架模型

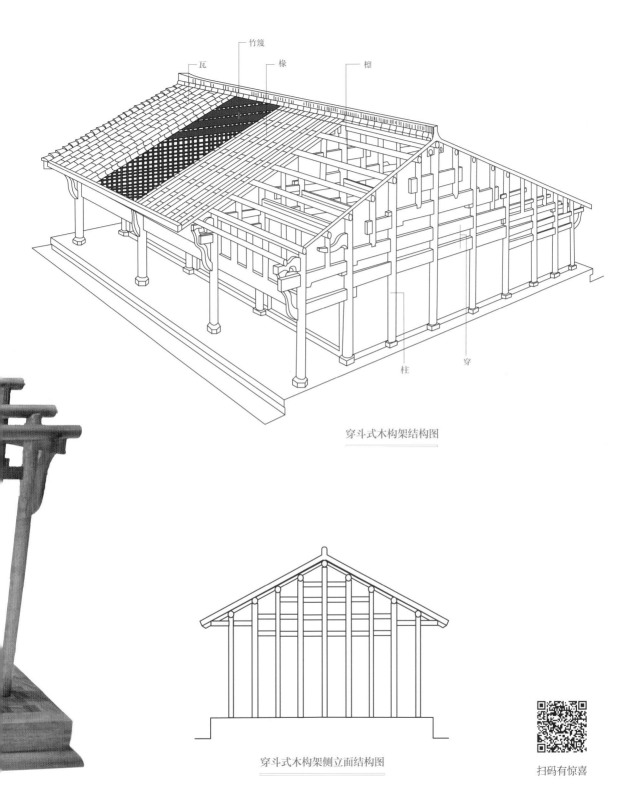

瓦　竹篾　椽　檩

柱　穿

穿斗式木构架结构图

穿斗式木构架侧立面结构图

扫码有惊喜

3. 井干式木构架

　　井干式木构架是一种不使用立柱和大梁的房屋结构。这种结构以圆木或横截面为矩形、六角形的木料平行向上层层叠置，在转角处木料端部交叉咬合，形成房屋四壁，形如古代水井的

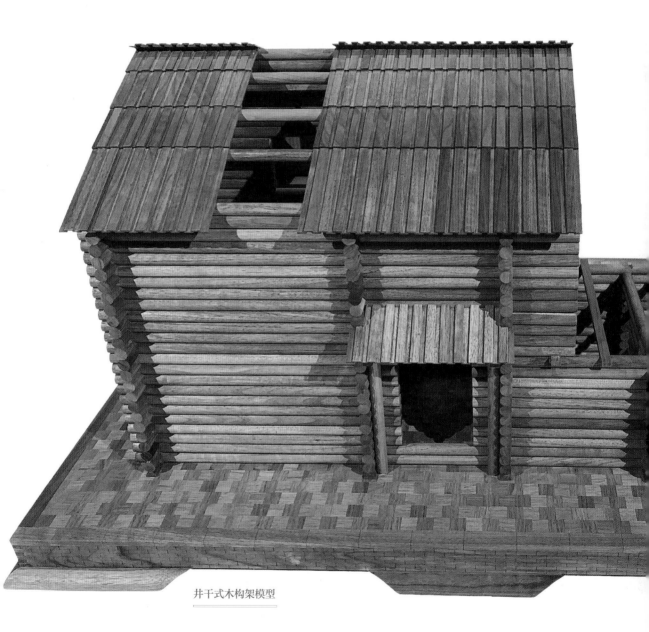

井干式木构架模型

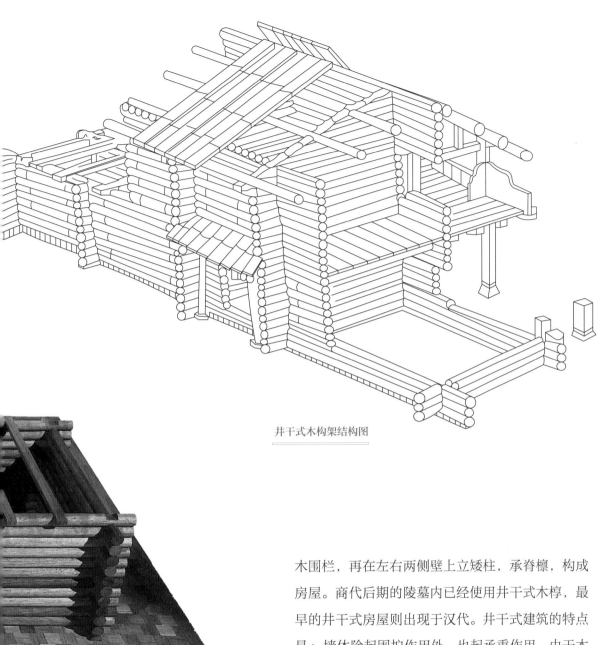

井干式木构架结构图

木围栏，再在左右两侧壁上立矮柱，承脊檩，构成房屋。商代后期的陵墓内已经使用井干式木椁，最早的井干式房屋则出现于汉代。井干式建筑的特点是：墙体除起围护作用外，也起承重作用。由于木材消耗量大，因此只适合建在木材丰盛的森林地区。

三、清式大木构架建筑与它的节点

　　一个完整的建筑，由梁、枋、檩、椽、柱、板、斗拱等成千上万个组件构成，它们之间彼此的结合点就是一个节点，这些节点是整个建筑构架的重要关节，一旦关节失去联系，大厦即有倾覆之险。一座木构建筑主要含有四类节点：柱下节点、柱头节点、柱身节点和梁檩节点。

清式大木构建筑与它的节点组合（互动模型和多媒体）

1. 柱下节点

　　柱脚部位的各构件相互连接，形成柱下节点。

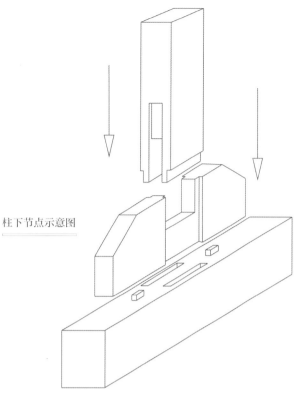

柱下节点示意图

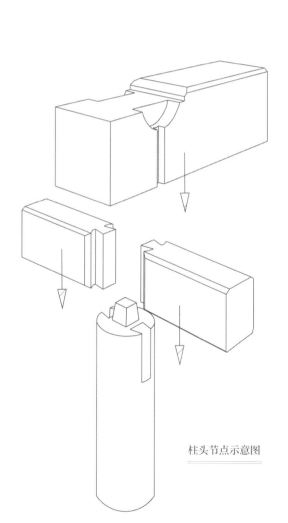

柱头节点示意图

2. 柱头节点

　　柱头节点是建筑构架最主要、最关键的节点。各方向的荷载都经此节点，传到柱础。组成这一节点的构件有柱、梁、枋、檩和斗拱等。

3. 柱身节点

柱身节点是柱与梁、枋等构件的榫卯结合点。

柱身节点示意图

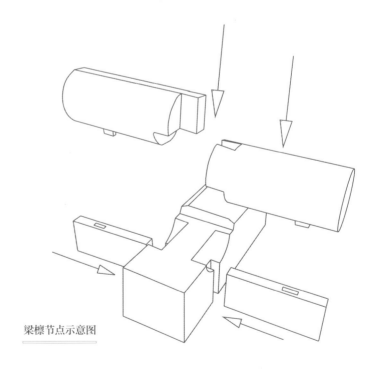

4. 梁檩节点

清代的小式建筑和民居中，桁檩直接搁置在梁头，形成梁檩节点。

梁檩节点示意图

四、中国古代建筑特有的构件——斗拱

斗拱是中国古代建筑上特有的、集榫卯技术大成的特殊构件。它是大型建筑物的柱与屋顶之间的过渡部分。其功用在于将屋顶的重量传递到柱子上，再由柱子传到柱础。斗拱纵横叠交，形成一层斗拱群，可以起到抗震的作用。斗拱也用于挑出屋顶的屋檐，使得建筑物出檐更加深远，造型更加优美壮观。由于它的构造精巧，造型美观，因此也是很好的装饰性构件。此外，斗拱还是封建等级制度在建筑上的主要标志之一，唐代以后规定民间建筑不得使用。

斗拱的种类很多，形制复杂。按使用部位可以分为内檐斗拱、外檐斗拱和平座斗拱。外檐斗拱又分为柱头科斗拱、角科斗拱和平身科斗拱。

扫码有惊喜

1. 斗拱爆炸模型

斗拱由斗、升、拱、翘、昂等部件组成。方形木块叫斗，小一点的称为升，弓形短木叫拱（横者为拱，纵者为翘），斜置长木叫昂。这些部件纵横交错层叠，逐层向外挑出，形成上大下小的托座。

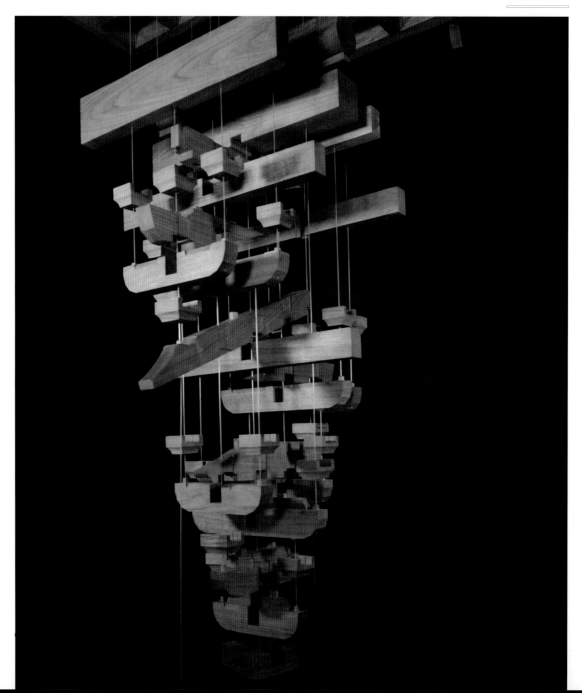

2. 唐代柱头斗拱模型

斗拱有 2000 多年的发展历史，从西周到南北朝晚期为斗拱的初始形成阶段。唐代至元代是斗拱的结构力学与建筑造型完美结合的成熟阶段。

此模型为唐代建筑佛光寺大殿上的柱头斗拱模型，斗拱与柱子高度比为 1∶2，可以看出唐代斗拱的形制硕大。

唐代柱头斗拱模型（1∶7）

3. 清代柱头斗拱模型

明清时期，斗拱的尺寸缩小，其结构功能逐渐被削弱，装饰作用愈来愈突出。

此模型为清代建筑故宫太和殿上的柱头斗拱缩比模型，斗拱与柱子高度比为 1：6，可以看出清代斗拱的用料和尺寸相较于唐代斗拱大为缩小。

清代柱头斗拱模型（1：7）

4. 斗拱受力互动模型

斗拱位于建筑的柱、梁之间，承受上部梁架、屋面的荷载，并将荷载传导到柱子上，再由柱子传到柱础，具有承上启下、传递荷载的作用。

该展品为斗拱受力互动模型，观众启动按钮，给斗拱加压，可通过偏振片观察斗拱模型受力后的色彩变化，颜色越深处，应力越集中。

斗拱受力互动模型

五、建筑榫卯的种类

榫卯结合是中国古代建筑最主要的结构特点。一座大型的古代木构建筑，要由成千上万个木构件组合而成。除了椽子、望板这类屋面木基层构件外，其余木构件几乎全部凭榫卯结合在一起。通过榫卯，各种独立、松散的构件组合成具有荷载承受能力的结构体。

建筑榫卯种类繁多，形状各异，常用的榫卯结构有管脚榫、馒头榫、燕尾榫、箍头榫、透榫、半榫、十字刻半榫、十字卡腰榫、桁椀、趴梁阶梯榫、勾头搭掌榫、倒拖榫、鼻子榫、萧眼穿串-藕批搭掌榫和栽销等。古代工匠在选择榫卯类型时，除了功能及结合强度外，还要考虑木构件的安装位置及构件搭接顺序。

建筑榫卯拼搭模型

1. 管脚榫

　　固定柱脚的榫，用于各种落地柱的根部，与柱顶石的海眼咬合。其作用是防止柱脚位移。

管脚榫实物图

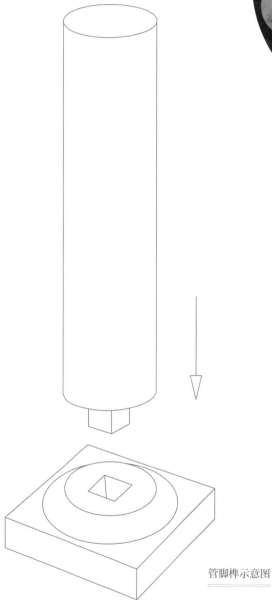

管脚榫示意图

2. 馒头榫与燕尾榫

馒头榫为柱头与梁头垂直相交时所用的榫，与之相对应的是梁头底面的海眼。它的作用在于柱与梁垂直结合时避免水平移位。

两块平板直角相接，为防止受到拉力时脱开，将榫头做成了梯台形，故名燕尾榫。这种榫多用于拉接联系构件，如在檐枋、额枋等水平构件与柱头相交的部位使用。

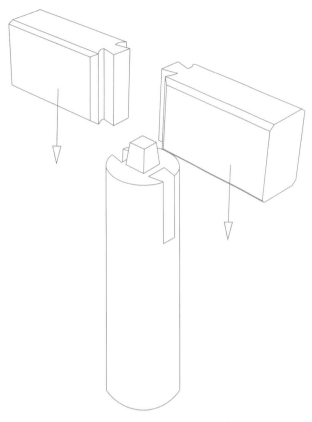

馒头榫与燕尾榫示意图

馒头榫与燕尾榫实物图

3. 箍头榫

箍头榫是枋与柱在尽端或转角部相结合时采用的一种特殊结构的榫。"箍头"是箍住柱头的意思。

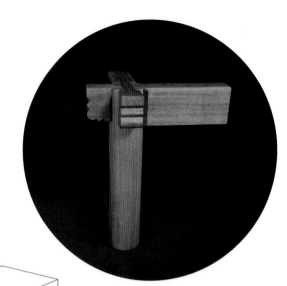

箍头榫实物图

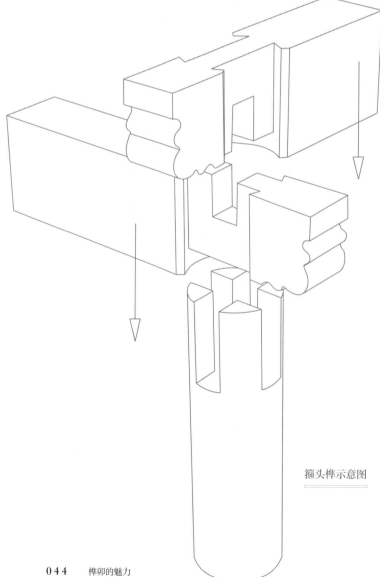

箍头榫示意图

4. 透榫

又称大进小出榫。所谓大进小出是指榫的穿入部分，高按梁或枋本身高，而穿出部分则按穿入部分减半。透榫用在抱头梁后尾或穿插枋中，交于柱子上。

透榫实物图

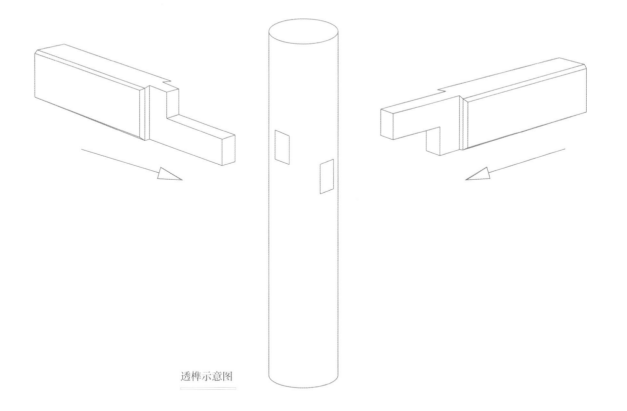

透榫示意图

5. 半榫

　　半榫的使用部位与透榫大致相同，但特殊需要除外。使用半榫是在无法使用透榫的情况下不得已的做法。

半榫实物图

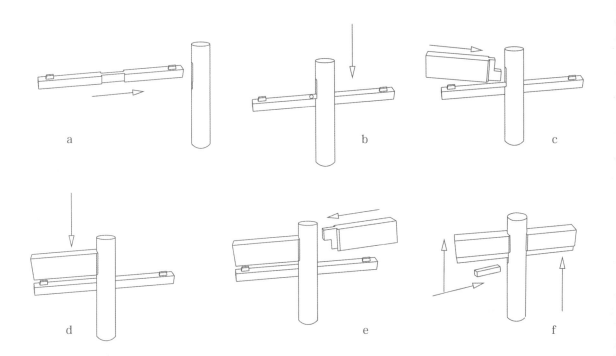

a

b

c

d

e

f

半榫示意图

6. 十字刻半榫

主要用于方形构件的十字搭交，最多见于平板枋的十字相交。

十字刻半榫实物图

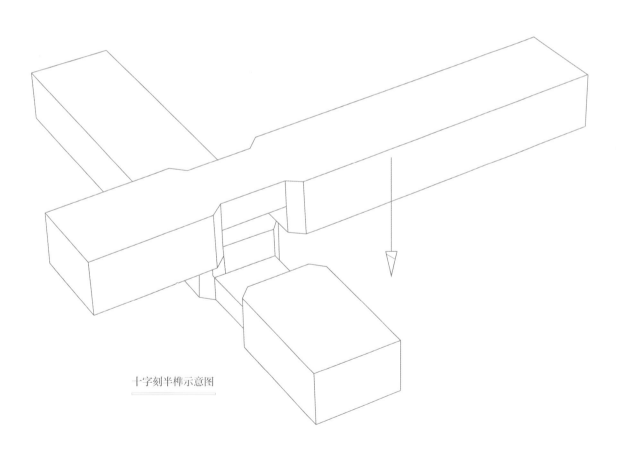

十字刻半榫示意图

7. 十字卡腰榫

俗称马蜂腰，主要用于圆形或带
有线条的构件的十字相交处，以搭交
桁檩。

十字卡腰榫实物图

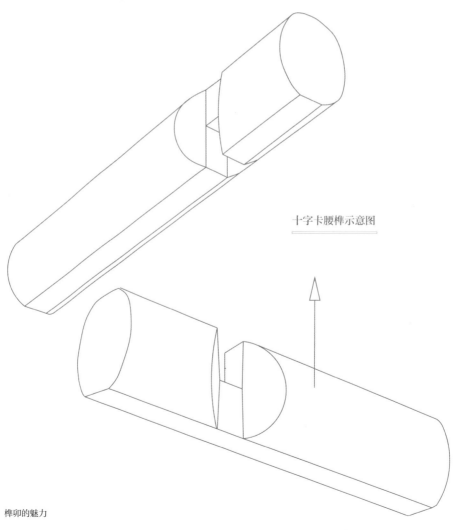

十字卡腰榫示意图

8. 桁椀

用于承托桁。凡桁檩与柁梁、脊瓜柱相交处，都需要使用桁椀。

桁椀实物图

桁椀示意图

9. 趴梁阶梯榫

多用于趴梁、抹角梁与桁檩半叠
交，以及短趴梁与长趴梁相交的部位。

趴梁阶梯榫实物图

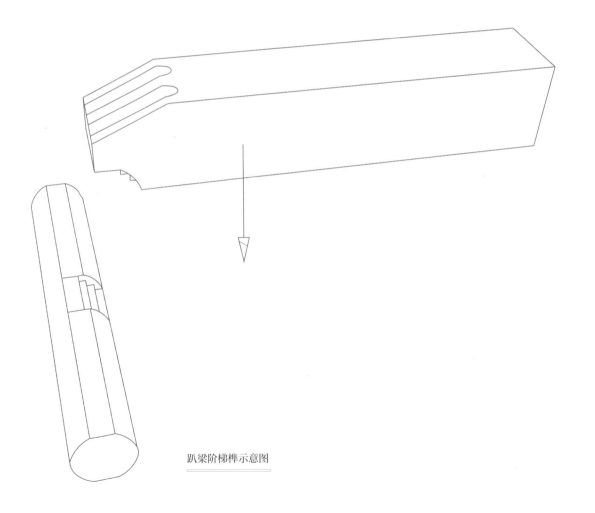

趴梁阶梯榫示意图

10. 勾头搭掌榫

宋式大木建筑中用于普拍枋的
连接。

勾头搭掌榫实物图

勾头搭掌榫示意图

11. 倒拖榫

用于天花枋与柱子连接处。

倒拖榫实物图

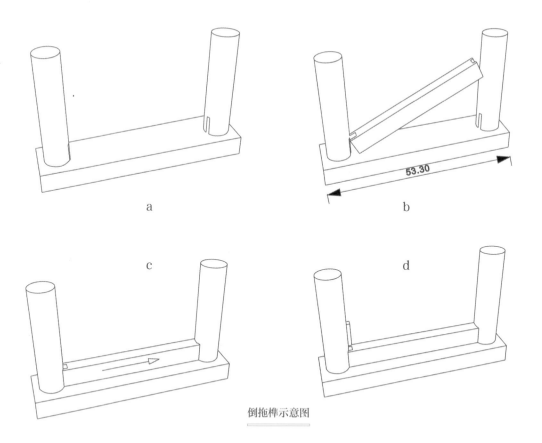

a

b

53.30

c

d

倒拖榫示意图

12. 鼻子榫

用于山柱与脊檩的交接处。

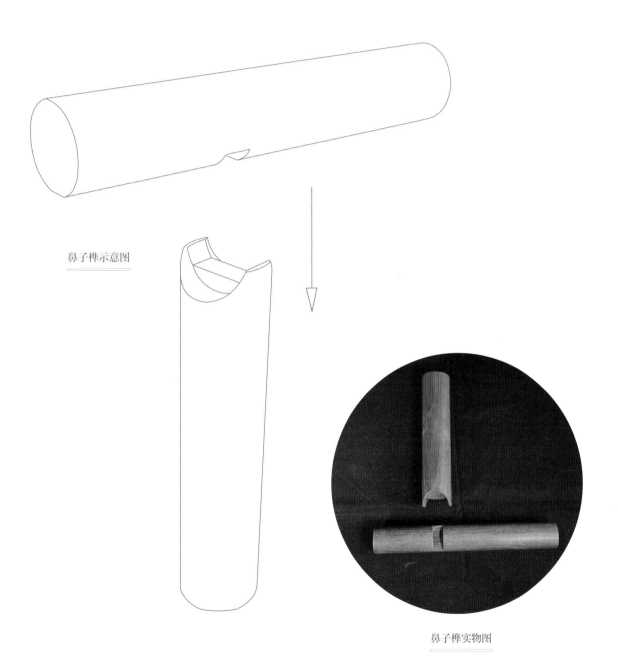

鼻子榫示意图

鼻子榫实物图

13. 萧眼穿串 - 藕批搭掌榫

宋代建筑中用于梁与柱子的连接
处，一直延续到明代。

萧眼穿串 - 藕批搭掌榫实物图

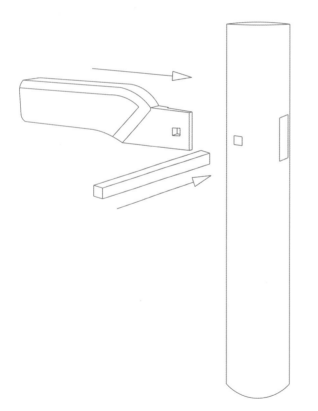

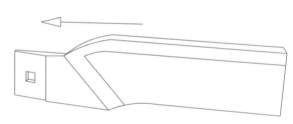

萧眼穿串 - 藕批搭掌榫示意图

14. 栽销

在两层构件相叠面的对应位置凿眼，然后把木销栽入下层构件的销子眼内。安装时，将上层构件的销子眼与已栽好的销子榫对应入卯。栽销多用于额枋与平板枋之间、老角梁与仔角梁之间以及叠摞在一起的梁与随梁之间等。

栽销实物图

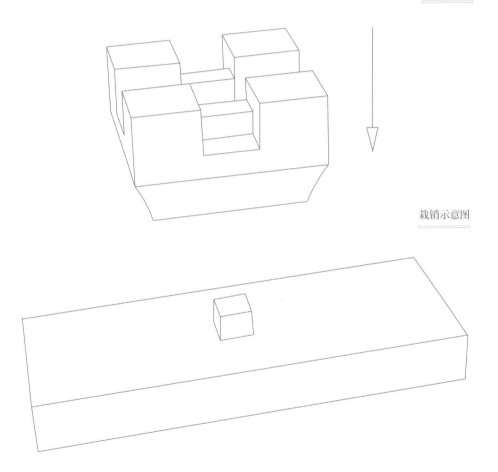

栽销示意图

六、榫卯结构的抗震性能

1. 应县木塔

　　应县木塔位于山西省应县佛宫寺内,建于辽清宁二年（1056年），塔高 67.31 米，底层直径 30.27 米，为中国现存最大、最高的多层木构建筑，也是世界上现存最高的古代木构建筑。塔的平面为八角形，外观为五层六檐，第二层以上内设 4 个暗层，共有 9 个结构层。木塔明暗各层都有内外两圈柱子，所有的柱子用梁、枋连接成筒形框架，形成双层套筒结构。塔的每层由平座、柱、斗拱和屋檐组成。为避免各层重复而产生单调感，每层檐下的斗拱造型各异、丰富多彩，共计 54 种之多。900 多年来，应县木塔经历了十余次地震，但其主体结构没有受到大的损坏，反映出中国木构建筑建造技术的高超水平。

应县木塔模型与 AR 扫描仪

应县木塔为什么能屹立近千年而不倒?

　　应县木塔抗震的关键是其由榫卯组成的特殊柔性结构体,不但可以承受较大的荷载,而且允许产生一定的变形,通过变形吸收和消耗掉部分地震波的能量。而木塔上的斗拱在地震时也会像汽车减震器一样起到变形消能的作用。

　　此外,木塔的双层套筒式结构刚性很强,大大增强了木塔的抗倒伏性能。塔身暗层中设有斜撑,有效地加强了塔身的稳定性和刚性,防止其在地震时出现水平方向的位移和扭曲,强化了构架对水平冲击波反复作用的抵抗能力。

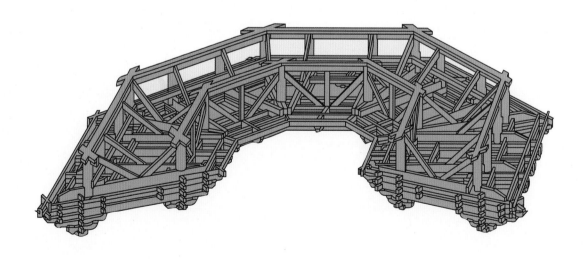

木塔暗层内外槽柱网结构

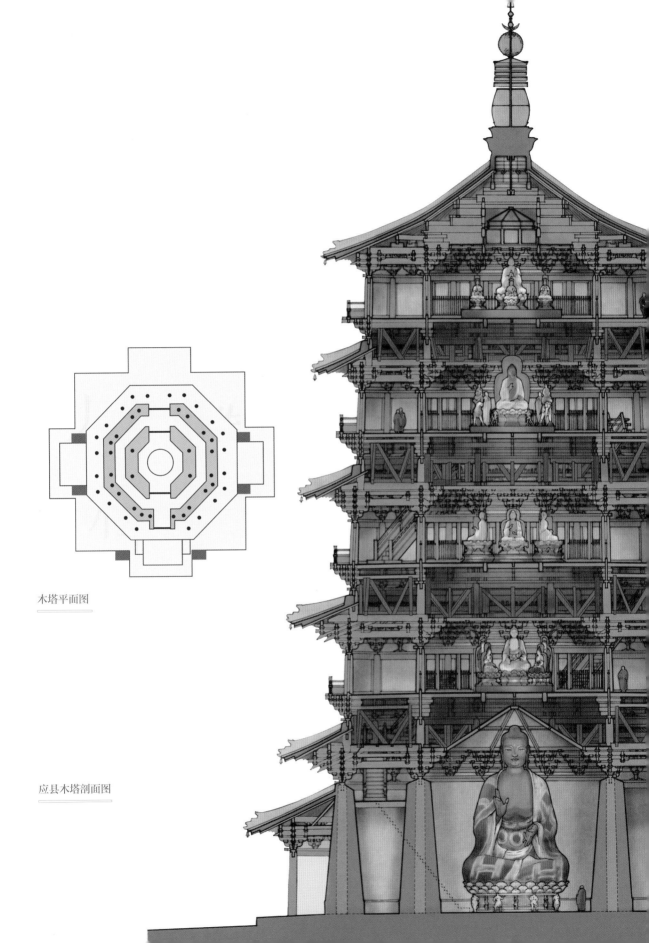

木塔平面图

应县木塔剖面图

2. 墙倒屋不塌的秘密

　　用力推动震动平台，你会发现木构建筑的墙会很快倒塌，但木构框架却非常稳定。

　　中国的许多木结构古建筑能保存数百年甚至上千年，经历大大小小地震的考验仍能巍然矗立，足以证明其具有良好的抗震性能。之所以如此，是因为建筑结构采用了榫卯连接方式。榫与卯的相接部位并非完全密实，加上木材本身具有弹性，使得建筑的各节点都有一定的伸缩余量。每一个榫接点就像一个弹簧，能消除掉一部分地震波的能量，使得整个木构架的破坏程度减弱。当发生强烈地震时，尽管木构架由于大幅度的摇晃会产生一定的变形，但只要不折榫、不拔榫，就能"晃而不散，摇而不倒"。当地震波消失后，整个构架仍能恢复原状。即使墙体被震倒，也不会影响整个木构架的安全。这就是"墙倒屋不塌"这句谚语的由来。

"墙倒屋不塌"互动模型

七、中国古代建筑典籍

1.《营造法式》

　　《营造法式》是宋代官修的一部建筑典籍，由北宋时期主管工程的官员李诫于元符三年（1100 年）奉旨编修而成，是中国第一部详细论述建筑工程做法的官方著作。它详细记录并整理了宋代建筑方面的制度、做法、用工、图样等资料，是研究宋代建筑以及我国古代建筑建造技术必不可少的参考书。

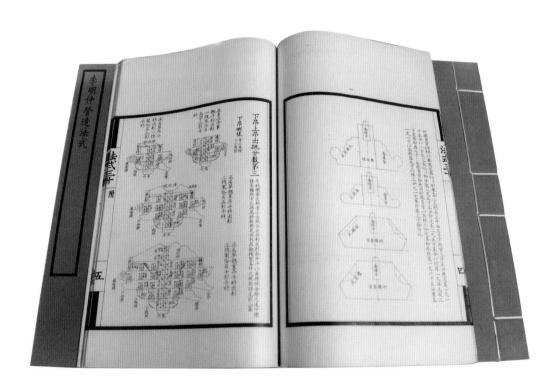

《营造法式》书影

2.《工程做法则例》

　　《工程做法则例》是清代官修的一部建筑法典，由清工部会同内务部主编，于清雍正十二年（1734年）刊行。全书共74卷，分为"诸作大法"和"用料用工"两大部分。书中贯穿着严格的模数制，建立了以"斗口"为模数的清式建筑模数体系。《工程做法则例》反映了高度成熟的清代官方建筑的形态，提供了一套完整的明清建筑的术语与制作和做法则例，是研究明清建筑最重要的历史文献。

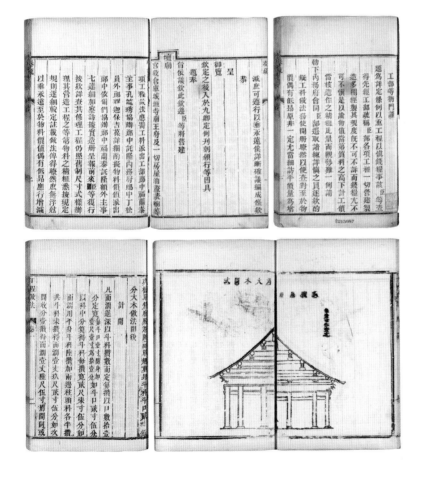

《工程做法则例》书影

八、中国古代建筑学家

1.《营造法式》编纂者——李诫

李诫（1035—1110），郑州管城县（今河南新郑）人，北宋建筑学家，《营造法式》一书的编纂者。他曾在将作监（古代掌管宫室建筑、器用制造的官署）供职达13年之久，历任将作监主簿、监丞、少监和将作监，亲自主持营建了许多规模巨大的建筑工程，如宫殿、王邸、太庙、辟雍、城门、寺庙等，在工程的规划、组织、管理等方面具有丰富的实践经验。他编修的《营造法式》一书是中国第一部详细论述建筑工程做法的官方著作，书中提出了一整套木构架建筑的模数制设计方法，对后世建筑建造技术的发展产生了深远的影响。

李诫画像

2. 天安门的设计者——蒯祥

蒯祥（1398—1481），江苏吴县（今江苏苏州）人，明代建筑匠师。蒯祥的父亲是总管建筑皇宫的"木工首"。蒯祥自幼随父学艺，成名后继承父业，也成了"木工首"，后任工部侍郎，曾主持及参加多项重大的皇室工程。1417—1421 年，他负责设计和修建了作为皇城正门的承天门（今之天安门）。1436—1449 年，他负责重建了紫禁城的太和、中和、保和三大殿。此外，他负责建造的主要工程还有北京隆福寺（1452 年）、西苑（今北海、中海、南海）殿宇（1460 年）、裕陵（1464 年）等。

蒯祥画像

3. 清代建筑世家——样式雷

"样式雷"，是对清代 200 多年间主持过皇家建筑设计的雷姓世家的誉称。

17 世纪末，南方匠人雷发达（1619—1693）来北京参加营造宫殿的工作，因其技术高超，很快就被提升担任设计工作。自此至清代末年，雷氏家族共有七代人在样式房（清代皇家建筑的专门设计机构）任掌案职务，负责过紫禁城、圆明园、颐和园、静宜园，承德避暑山庄，清东陵和清西陵等重要工程的设计，同行称这个家族为"样式雷"。

雷发达画像

九、大木作工具

中国传统的木匠行业分工很细，大致可分为大木作、小木作、家具作等。他们所使用的工具类型基本相同，只是在规格尺寸上有所不同。

所谓大木作主要指中国古代木构架房屋建筑中结构构件的制造以及木构架的组合、安装等工作。相对于小木作或家具作的工具来说，大木作工具的尺寸更粗大。大木作工具主要包括锛、斧（砍削工具）、锯（切割工具）、刨（平木工具）、凿、铲（剔削工具）、墨斗（画线工具）、拉钻（钻孔工具）、尺等。

大木作工具

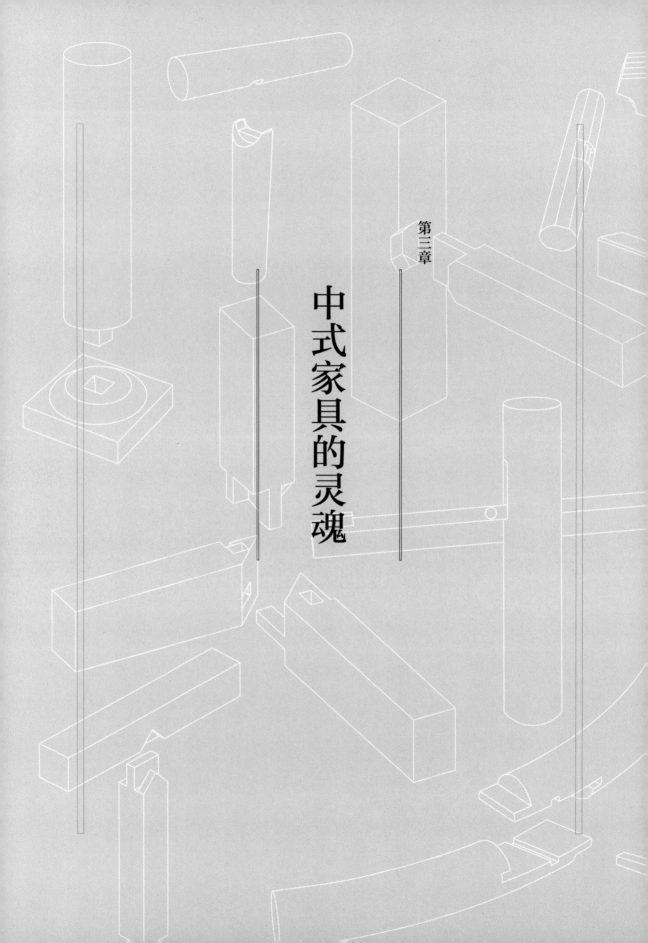

第三章

中式家具的灵魂

榫卯，是中式家具之魂。一榫一卯之间，一转一折之际，凝结着中国几千年传统家具文化的精粹，沉淀着岁月流转中经典家具款式的复合传承。隐藏于古典家具之中的榫卯结构，于微妙复杂的变化中体现着"内外兼修"的和谐，其工艺之精确、扣合之严密，若合一契、浑然一体，给人以天衣无缝之感。

一、木材的比较

　　中国古典家具的用材类型广泛，明清家具的用材十分考究，以黄花梨、檀木、鸡翅木、铁力木、榉木为多。清代以紫檀木为最上乘用料，红木、鸡翅木、铁力木亦有；黄花梨相对较少，榉木、榆木、核桃木使用最为广泛。

木材的比较

二、原木切割

　　木材在被砍下来切割好之后，会出现收缩、膨胀、扭曲等状况，因此处理木材尤为重要。同一根木材，内部结构纹理的排列是固定的，但是不同的切法会呈现出不同的木纹，得到不一样的物理性能。匠人拿到木材之后，也会根据其特性考虑做什么样的榫卯。

原木切割模型（正面）

常见的切割方式有顺着树干主轴或纹理方向用锯子锯开的弦切法；还有先将原木分成四瓣，再按照与年轮方向成 30 ~ 60 度夹角用锯子锯开的径切法；以及同样先分为四瓣，但切割线与年轮截面保持近乎垂直的刻切法。三种切割方法的经济性依次降低，出材后板的变形度也逐渐下降。

原木切割模型（侧面）

三、古画中的家具

中国是家具起源最早的国家之一，中国家具的发展随着社会化的进程经历了多层次的变革。

夏、商、周时期，是中国早期家具的雏形阶段，一直到春秋战国时期，都是低矮家具；汉代，胡床传入中原，带来了新的家具形制，为垂足而坐奠定了基础；南北朝时期，高型坐具陆续出现，垂足而坐开始流行；到了宋代，各种配合高坐的家具也应运而生，人们开始关注家具的设计美学；元、明、清时，对家具生产、设计的要求精益求精，尤其是明、清两代，成为传统家具的全盛时期。

古画中的家具展项，借助 AR 技术，通过扫描多幅古画，将不同历史时期的家具式样直观展示给观众。

AR 扫描仪

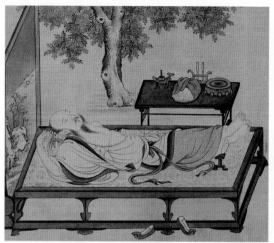

（宋）佚名 《槐荫消夏图》

（北齐）杨子华《校书图》

（宋）李嵩《罗汉图》

（唐）佚名《唐人宫乐图》

（宋）赵佶《听琴图》

（明）唐寅《桐阴清梦图》

四、明式书房陈设

　　明式书房的陈设讲究均匀、平衡之美，布局讲究高低错落有致。居于书房核心的是明式夹头榫画案，画案上放有精美雅致的明式提盒，画案背后居中放置的是一把高大的圈椅，再往后是贴墙摆放的一组明式架格柜。书房家具的布局摆设会随着功能需求的变化不断增加，无论是供读书小憩用的明式三屏罗汉床与明式有束腰鼓腿彭牙炕桌，还是焚香提神的明式四足八方香几与收纳置物的明式圆角柜，它们的出现与应用进一步提升了明式书房布局的和谐之美。

五、传统榫卯家具拼装

1. 闷户橱

闷户橱因抽屉下设闷仓而得名，又因是民间嫁女之家必备的嫁妆之一，故民间又名嫁底。它多采用案式结构，是一种具备承置物品和储藏物品双重功能的家具，外形如条案，但腿足采用了侧脚做法。

闷户橱实物图

闷户橱爆炸模型

2. 四出头官帽椅

四出头官帽椅是一种搭脑和扶手都探出头的椅式家具，背板多用一块整板制成"S"形，两侧扶手各安一根"连帮棍"。此种形式的椅具最早出现在宋朝，是我国明式家具中椅子造型的一种典型款式。

四出头官帽椅实物图

四出头官帽椅爆炸模型

3. 明式有束腰罗锅枨方凳

有束腰罗锅枨方凳是一种具有浓厚明式风格的家具。束腰是指在其面框和腿足牙条之间的收窄结构；罗锅枨则是指面框之下连接腿柱的横枨，因为中间高拱、两头低，形似罗锅而得名。这件模型由木材与有机玻璃两种材料制作而成，可以更为直观地看到家具中榫卯构件之间的结合方式。

明式有束腰罗锅枨方凳

4. 明式无束腰小方凳

该凳为明式无束腰小方凳仿制品，其用材粗硕，线脚简练，比例适当，显示出明代家具的神韵。腿足直落地面，无马蹄，侧脚显著，可以看到家具与大木梁架之间的关系。此模型可供观众手动拆装。

明式无束腰小方凳

六、常见的家具榫卯结构

中国传统家具的最大特点就是采用榫卯结构，榫卯结构既是家具木构件中的节点，也是中式家具的一种造型手段。一件家具中，多个榫卯组合在一起时，互相支撑，会出现极其复杂精妙的平衡，不仅使家具牢固、坚韧，还体现了中国人含而不露的传统美学。榫卯的种类繁多，木工会根据家具的不同部位采用不同榫卯结构。

家具的榫卯按结构和作用来归类，大致可分为三大类型。第一类是作为面与面的接合的构造方法。也可以是两条边的拼合，还可以是面与边的交接拼合。如槽口榫、企口榫、燕尾榫、穿带榫、扎榫、格角榫等。第二类是作为"点"的构造方法。主要用于横竖材的丁字接合、成角接合、交叉接合，以及直材和弧形材的伸延接合。如格肩榫、双榫、双夹榫、勾挂榫、楔钉榫、明榫、暗榫、挖烟袋锅榫、裹腿枨等。第三类是将三个构件组合在一起并相互连接的构造方法。这种方法除运用以上的一些榫卯联合结构外，还有一些更为复杂和特殊的做法。如常见的有托角榫、长短榫、插肩榫、抱肩榫、粽角榫等。

扫码有惊喜

1. 明榫

榫头从眼中穿出，与外边齐平，在外侧面可明显看到榫头，榫头中间还可见到木销的痕迹，其优点是榫头深而实。可在榫头中间加木销，这样即使木材收缩，榫也不会脱落，弥补了古代加工技术、加工工具和黏合剂的不足。明榫多用在桌案板面的四框和柜子的门框处。

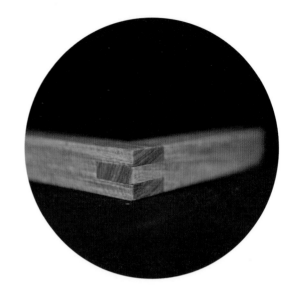

明榫实物图

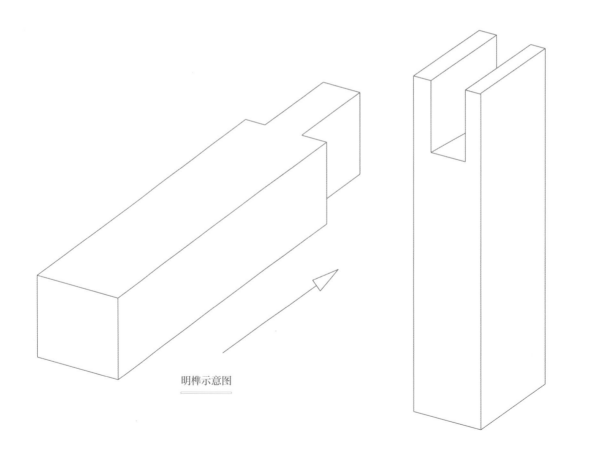

明榫示意图

2. 暗榫

又叫半榫、闷榫。卯眼不贯通方木，眼深一般为方木宽度的2/3。榫头较短，结合强度较低，配制时除了用胶黏合外，还可采用暗埋楔加固。

暗榫实物图

暗榫示意图

3. 燕尾榫

此榫卯结构多用在两块平板直角
的相接处，为了防止受拉力时脱开，
故将榫头做成梯台形，形似燕尾，故
名燕尾榫。常用于抽屉箱柜。

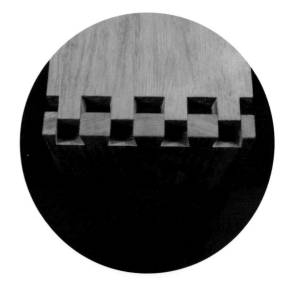

燕尾榫实物图

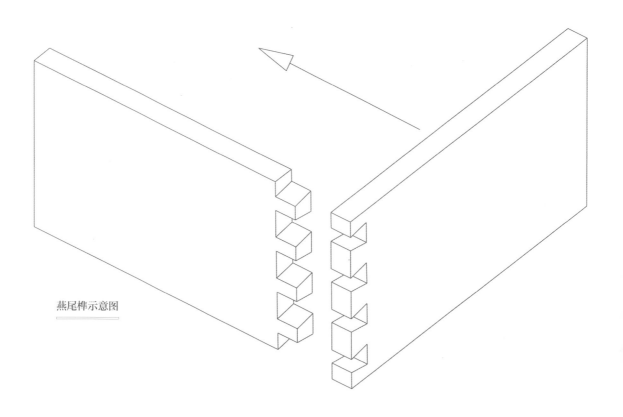

燕尾榫示意图

4. 龙凤榫加穿带

　　这是依靠燕尾凹凸结构对家具木材进行对接以保持平面稳定的一种榫卯结构，常用于案面芯板、柜门、床面、板子头部等需要拼接或加固的部位。

龙凤榫加穿带实物图

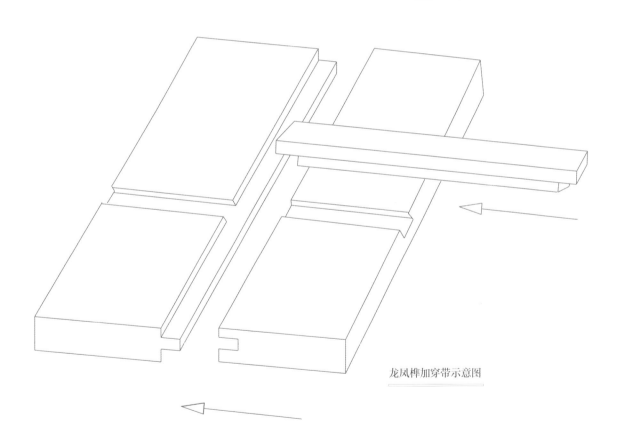

龙凤榫加穿带示意图

5. 攒边打槽装板（四方边框）

　　板系四方形边框，一般用格角榫的造法来攒框。边框内侧打槽，容纳板心四周的榫舌，即"边簧"。大边在槽口下凿眼，被板心的穿带纳入。

攒边打槽装板（四方边框）实物图

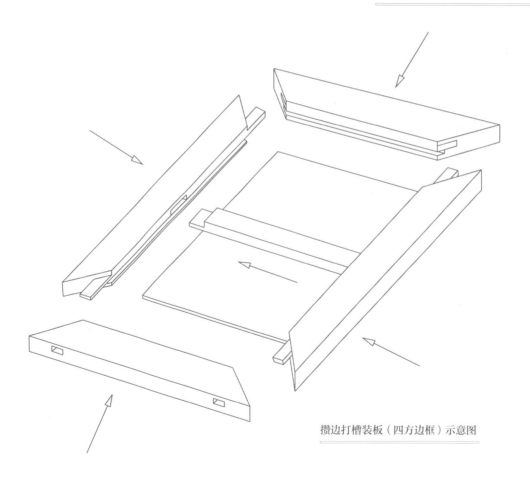

攒边打槽装板（四方边框）示意图

6. 楔钉榫

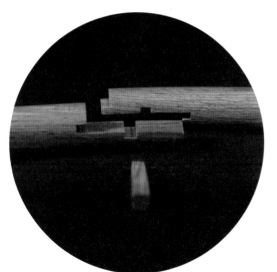

楔钉榫实物图

弧形材经截割后，用上下两片出榫嵌接，再在中部插入截面为矩形的楔钉，能使连接材上下、左右不错移并紧密接合。常用于连接弧形材，如圈椅的扶手。

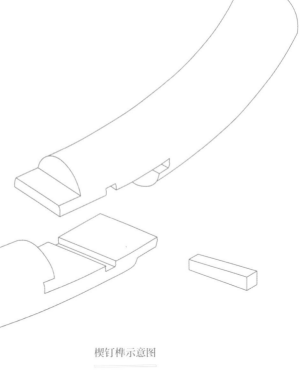

楔钉榫示意图

7. 抱肩榫

此榫结构多用于有束腰家具的腿足与束腰、牙条的接合处，多见于有束腰的方桌、条桌、方几、长条几中。

抱肩榫实物图

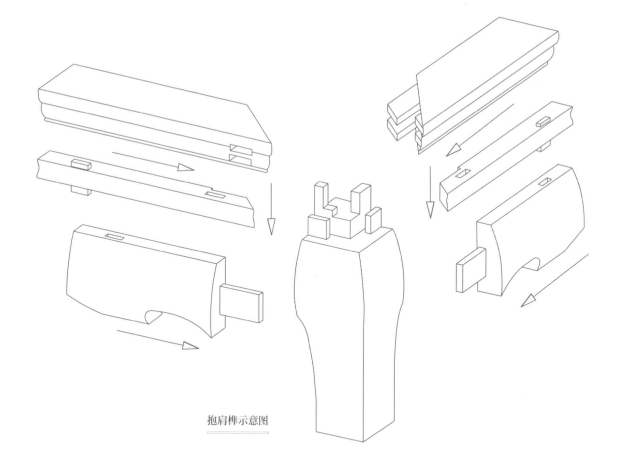

抱肩榫示意图

8. 裹腿枨

裹腿枨表面高出腿足，两枨在转角处相交，因其将腿足缠裹起来，故名 裹腿枨。此榫的优点是榫头嵌入榫眼，与腿足更紧密地接合在一起。常用于圆腿柜案类家具的底枨接合。

裹腿枨实物图

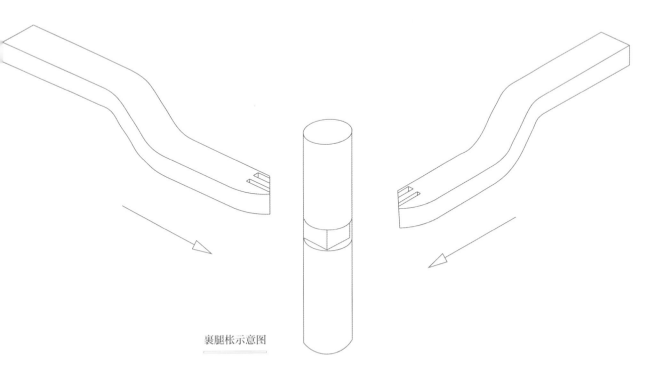

裹腿枨示意图

9. 霸王枨

霸王枨上端托着桌面的穿带，并用销钉固定，其下端则与腿足靠上的部分接合在一起。形似一臂擎物，它可使桌面承受的重量产生分力，均衡地传递到腿足上来。常用于方桌、方凳中。

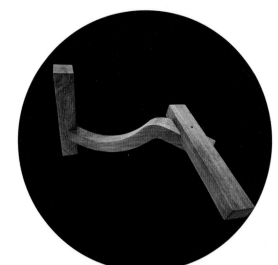

霸王枨实物图

霸王枨示意图

10. 夹头榫

此榫结构能使四条足腿将牙条夹
住，并连接成方框，使案面和足腿的
角度不易改变，四足均匀地承受案面
重量。常用在案形结体家具中。

夹头榫实物图

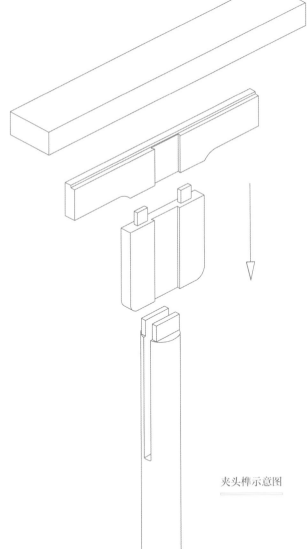

夹头榫示意图

11. 插肩榫

腿子在肩部开口并将外皮削出八
字斜肩，用来和牙子相交。这种榫卯
叫插肩榫，是案类家具的桌腿与案板
结合处常用的一种榫卯结构。

插肩榫实物图

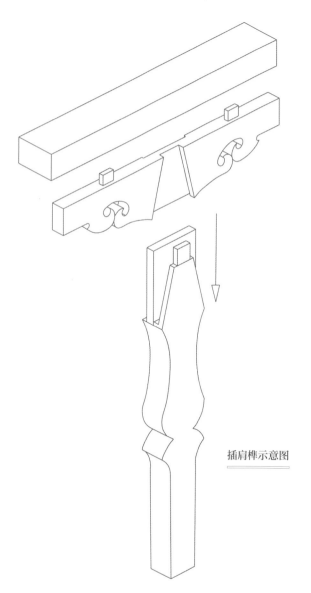

插肩榫示意图

12. 走马销

走马销是栽销的一种，常对两个可移动的部件进行固定，因榫头和榫眼结合后需要平移一下才可以起到销合作用，故称为走马销。常用于座椅的座面与扶手的连接。

走马销实物图

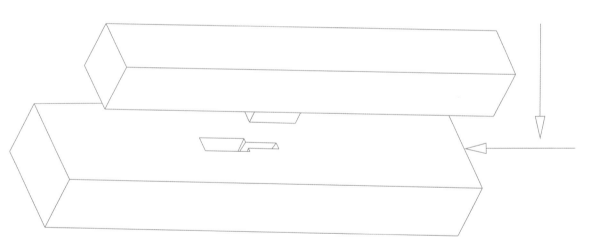

走马销示意图

13. 大格肩榫

在横材两端榫头的外侧做出等腰直角三角形斜肩，使三角形斜肩紧贴榫头，然后在竖材上凿出榫窝，并在外侧开出与榫头上三角形斜肩相等的豁口，正好与榫头上的斜肩拍合。其作用一是辅助榫头承担一部分压力，二是打破接口处平直呆板的气氛。常用于桌子、椅子及凳子的横枨处，以及柜身或柜门的横带与腿足的接合处。

大格肩榫实物图

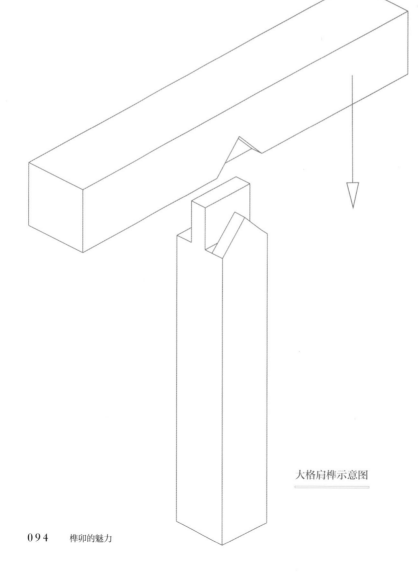

大格肩榫示意图

14. 小格肩榫

　　通常在家具交接处表面起涡线时
使用，把紧贴榫头的斜肩抹去一节，
只留一小部分，其目的是少剔去一些
竖材木料，以增加竖材的承重能力，
一般用在柜子的前后横梁或横带上。

小格肩榫实物图

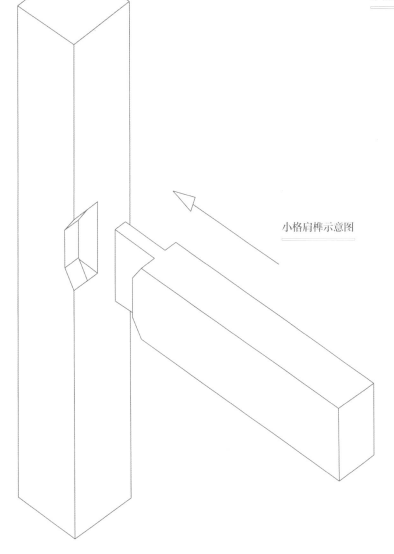

小格肩榫示意图

15. 圆柱丁字接合榫

此榫结构多用在椅子扶手
与座面或与后腿的连接处，如
椅凳或桌案的矮老与直枨的接
合处、床围子攒接处的品字栏
杆或井字栏杆上。

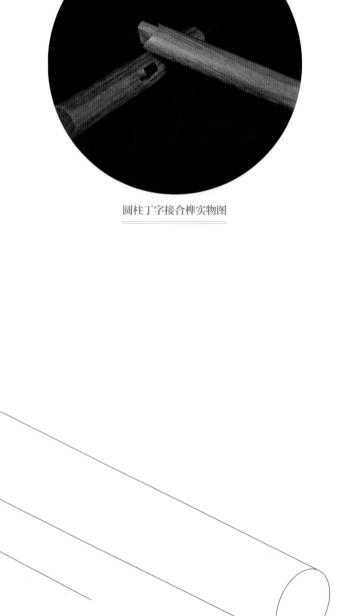

圆柱丁字接合榫实物图

圆柱丁字接合榫示意图

16. 粽角榫

　　因其外形像粽子角而得名。从三面看，集中到角线的都是45度的斜线。常用于柜、桌等无缩腰结构的家具，是面板与腿连接的常用榫。

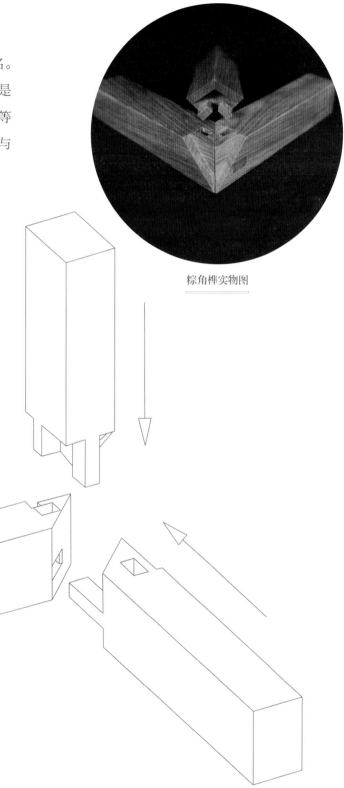

粽角榫实物图

粽角榫示意图

17. 挖烟袋锅榫（套榫）

椅子搭脑与腿料连接时，将腿料做成方形出榫，搭脑也相应地挖成方形榫眼，然后将二者套接，这类榫卯结构称为套榫，北方木工称之为挖烟袋锅榫。多用于椅子的扶手、椅腿及靠背各木件的接合部位。

挖烟袋锅榫（套榫）示意图

挖烟袋锅榫（套榫）实物图

七、木工的手艺

1. 木工工具

　　木工是传统家具制作的一个很重要的工种,涉及开料、选料、开榫做卯以及组装等,无不体现着技工师傅的技术。中式家具的灵魂——榫卯结构便是木工环节完成的。木工过程中用到斧、凿、刨、铲、墨斗等传统木工工具,这些工具大多是工匠自己制作的,看似简单粗陋,但是能轻松解决一些很实际但并不简单的问题,折射出中国传统的匠人智慧。

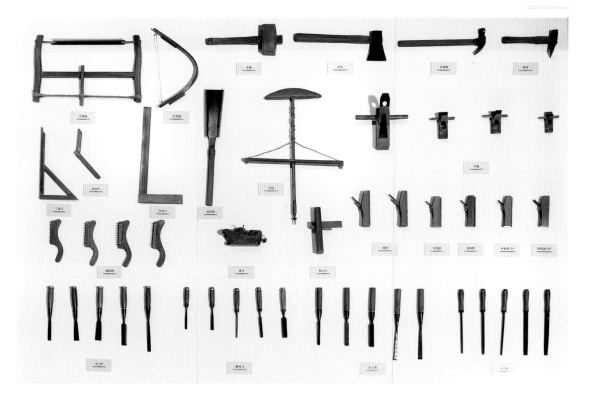

木工工具

2. 木工工坊

　　木工工坊是展览的特色教育活动区。在这里，观众可以学习使用刨、锯、钻等传统木工工具，亲手制作一双筷子或一件木制玩具，还可以使用锯床、钻床等现代木工工具制作榫卯拼插玩具。

利用电动线锯床制作拼插玩具

传统木工体验

木质手刨

木铲

夹背锯

筷子的制作

鲁班锁的制作

现代木工体验

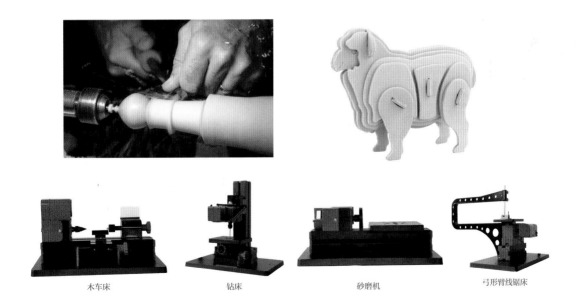

木车床

钻床

砂磨机

弓形臂线锯床

3. 木工的手

　　木工的手虽然粗糙，但却灵巧。正是这双手创造出了各显神通的木工工具：标记画线的墨斗，切割木料的锯，平整木料的刨，铲削挖空的凿子，开孔打眼的拉钻，劈砍木料的斧子。看上去简单朴素的工具，在这双手中变得灵活精准。也正是这双手使用工具创造出了美轮美奂的木器作品。

展览通过视频展示木工工具的使用方式

4. 传承

　　若从鲁班算起，木匠手艺已在中华大地上传承了 2000 余年，木匠传统技艺的代代相传离不开师徒关系的构建。在中国传统文化中，师徒关系是最重要的非血缘关系之一。师徒之间包含着太多情愫，在彼此付出的过程中进行着手艺的传承。经历了时间的打磨，徒弟在学会木匠技艺的同时，也在感受着工匠精神。而工匠精神的核心要素就是对自己所从事的职业和所制造的产品有真挚的爱心。一师一徒，代代传承，中国工匠们以自己的扎实创造赋予文明以实体形态，他们的劳动源源不断地充实着中华文明的宝库，不断印证着工匠精神的浩然活力。

展览视频讲述师徒传承的故事

第四章

形形色色的榫卯

除了在建筑和家具领域有着登峰造极的应用之外，榫卯还在古人生产生活中的其他许多领域扮演着重要的角色。在农具、车船、生活用品、乐器、铸范等方面，榫卯结构随处可见。与此同时，除了木榫卯之外，古人还将榫卯技术应用于铁、石等材料之中，体现了强大的技术惯性，也从不同角度展示了榫卯的独特魅力。

一、榫卯与古车

中国是世界上最早发明和使用车的国家之一。我国已出土的最古老的车辆来自河南安阳，年代为商代中期（约公元前 13 世纪）。该车为双轮独辕，轮辐 18 根，车舆为长方形。除个别饰件外，全车均为木质结构，构件之间均采用榫卯连接，可见榫卯技术在古车制造领域中有着悠久的历史。

车轮是车辆最关键的部件，多用坚木制成，轮径多在 1.4 米左右，由辋、毂、辐等部件组成。车轮的外圆框叫辋，用数根直木经过火烤

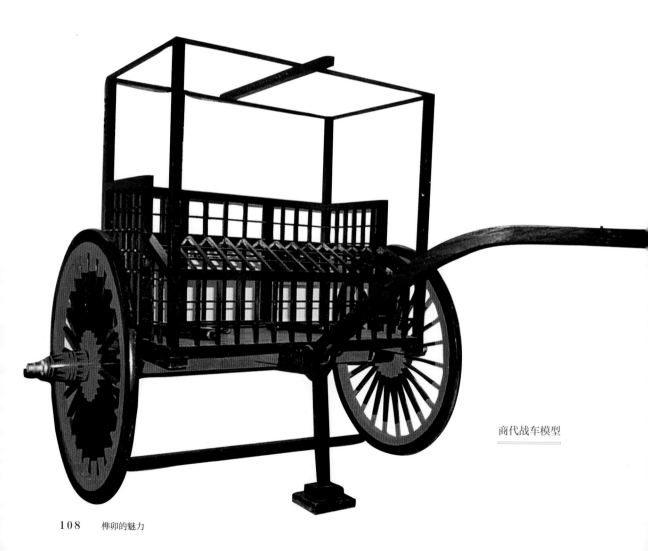

商代战车模型

古代车轮爆炸模型

后弯成弧形拼接而成。两根弯木的结合处凿成齿状，称为牙。车轮中心有孔的圆木叫毂，辋和毂成为两个同心圆，其上均有榫眼，用以安辐。辐是一根根木条，一端接辋，一端接毂，四周的辐条都向毂集中。轴是一根横梁，上面架车舆，两端套车轮。轴的两端露在毂外，上面插着一个三四寸长（长约 10 厘米）的销子，称为辖。露在毂外的车轴末端，称为軎。辐与辋和毂的衔接以及牙与牙的衔接，均采用榫卯结构。

商代战车车轮模型

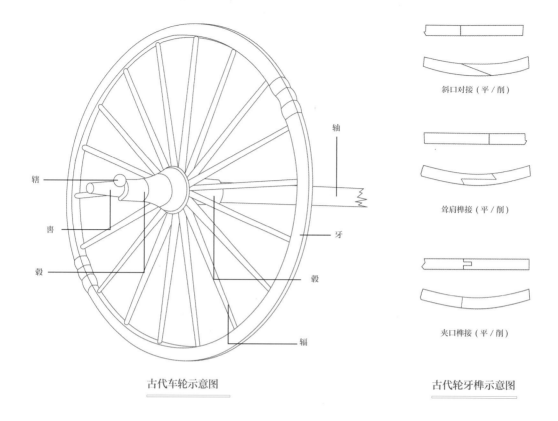

斜口对接（平／削）

耸肩榫接（平／削）

夹口榫接（平／削）

古代车轮示意图　　　　　　　　　古代轮牙榫示意图

二、榫卯与古船

　　中国古代造船技术在相当长的历史时期内一直处于世界领
先地位，并在郑和下西洋时达到了顶峰。从最古老的独木舟，
到技术逐渐成熟的福船、沙船，榫卯技术始终应用于古代船舶
的各个部位，并为水密隔舱、船尾舵等重大发明提供了技术保障。

　　右图为南宋海船缩比模型。此船为尖底造型，底部有贯通
的龙骨，船内 12 道隔板分割出 13 个水密隔舱。

南宋海船缩比模型

扫码有惊喜

南宋海船水密隔舱结构缩比模型

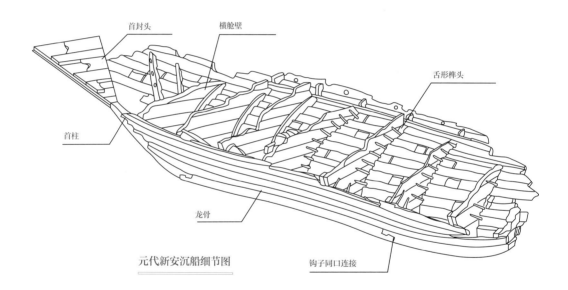

首封头　　　横舱壁

舌形榫头

首柱

龙骨

钩子同口连接

元代新安沉船细节图

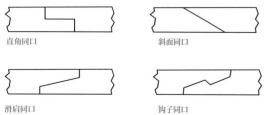

直角同口

斜面同口

滑肩同口

钩子同口

板列纵向连接方式

三、榫卯与古桥

在相当长的历史时期内，中国古代桥梁自成体系，成为古代文明的重要标志之一。榫卯应用于古代桥梁，主要见于梁桥和拱桥。

1. 汴水虹桥

汴水虹桥见于北宋画师张择端绘制的《清明上河图》中。作为中国木拱桥的起源，汴水虹桥采用的是木构件间相互穿插别压并在节点处绑扎绳索的编木结构。这种结构搭建简单且异常坚固，在一定范围内，属于受压越大越稳固的典型结构。

《清明上河图》中的汴水虹桥

2. 达·芬奇木拱桥

无独有偶，文艺复兴时期，意大利发明家、画家莱昂纳多·达·芬奇于 1502 年在写给友人的信中绘制出了同样为编木结构的木拱桥草图。

下图为达·芬奇木拱桥拼搭件，观众可以自己用木棍拼搭一座木拱桥。

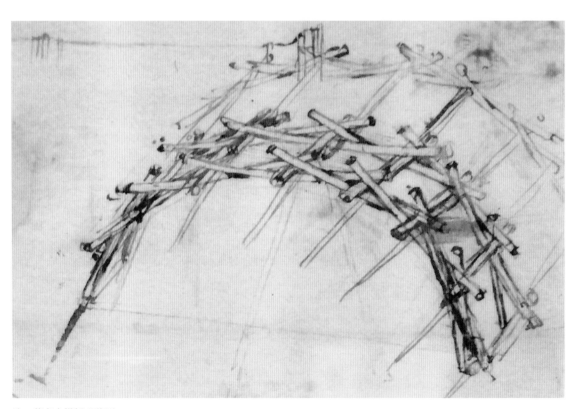

达·芬奇木拱桥手稿图

木拱桥拼搭件

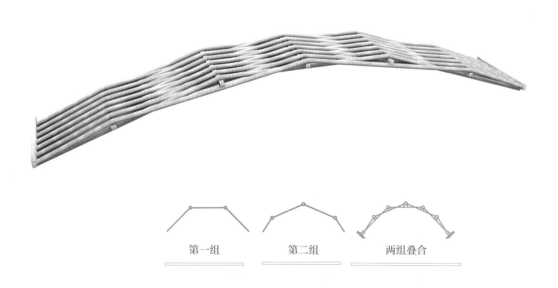

第一组　　　　第二组　　　　两组叠合

达·芬奇木拱桥结构示意图

3. 浙闽廊桥

张择端的《清明上河图》虽流传至今，但真实的汴水虹桥却已消失在历史的长河中。虽无实物留存，但这种编木结构的造桥技术却并未失传，并以新的结构形制得以延续。

20世纪70年代，桥梁专家茅以升在《中国古桥技术史》中提出浙闽廊桥起源于汴水虹桥。二者的不同之处在于，汴水虹桥采用编木结构，而浙闽廊桥则采用更有利于力传递的榫卯结

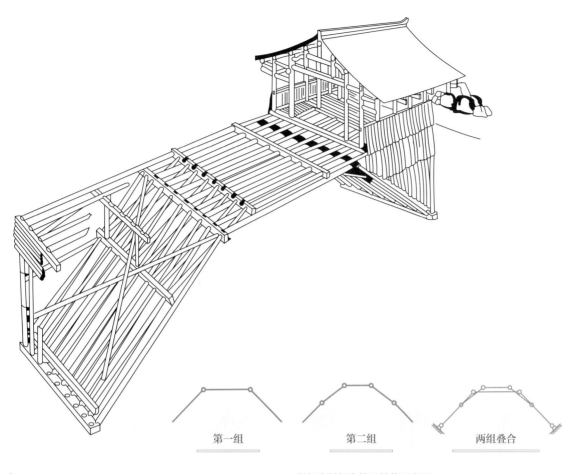

| 第一组 | 第二组 | 两组叠合 |

浙闽廊桥桥身榫卯结构示意图

构。浙闽廊桥与汴水虹桥具有传承关系，并以其结构力学方面的科学造诣，在世界桥梁史上占有重要地位。

上图为浙闽廊桥 1∶40 模型，观众可通过设置在模型下方的镜子，观察浙闽廊桥的榫卯结构。

浙闽廊桥模型（1∶40）

4. 仙居桥

上廊下桥为廊桥。廊桥采用榫卯工艺相互连接，其榫头为大燕尾形，卯口的横木两头加箍铁条，相互之间由开孔插入或用燕尾榫连接，衔接牢固，结构稳定。这里展示的是位于浙江省泰顺县的仙居桥，该桥始建于明代，现桥为清代重建，距今已有 300 多年的历史。桥屋共 18 间，柱 80 根，单檐，长 42.83 米，宽 5.3 米，距水面 12.6 米，净跨 34.5 米。凌空高架，工艺精湛。

扫码有惊喜

仙居桥实景图

四、榫卯与古矿井

◇◇◇◇◇◇◇◇◇◇◇◇◇◇◇◇◇◇◇◇◇◇◇◇◇◇◇◇◇◇◇◇

　　位于湖北大冶的铜绿山古矿井是从西周到汉代持续开采的古铜矿遗址，遗址出土的井壁木支护采用榫卯技术构建。除极少数用藤条圈支护以及晚期竖井无支护外，绝大多数井巷均采用榫卯技术连接的木框架结构进行井壁支护，形成竖井与盲井、平巷与斜巷，以实现提升、通风、排水等功能。

铜绿山古矿井遗址实景图

1. 竖井木支护框架

竖井是指在地面上有直接出口的垂直巷道。竖井支护框架类型包括尖头剑状单榫单卯、尖头矛状单榫单卯、尖头双榫双卯、平头双榫双卯和搭口式支护。

竖井木支护框架模型

马头门支护框架模型

2. 马头门支护框架

马头门是竖井与平巷的连接通道。古代矿井采用单榫立柱马头门、双榫立柱马头门或上叉立柱马头门的形式。

五、榫卯与古水井

◇◇◇◇◇◇◇◇◇◇◇◇◇◇◇◇◇◇◇◇◇◇◇◇◇

中国已知最早的水井是浙江余姚的河姆渡遗址水井，距今约 5600 年。该水井由内外两部分组成，外围是一圈圆形栅栏桩，中心为一个方形竖井。竖井的木构件可见榫头和卯眼，出土时榫卯接合而成的方框还紧密咬合在一起。

新石器时代，在良渚文化一处临水而居的村落遗址中出土了井壁为榫卯结构的木水井。在龙山文化遗址中出土了井壁高 11 米、井栏高 2.65 米的木水井，整个水井全部由木板榫接而成。

河姆渡遗址水井实景图

良渚文化遗址木水井实景图

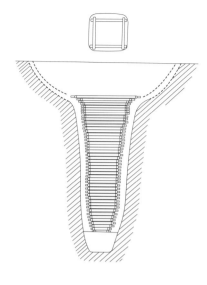

龙山文化遗址木水井示意图

六、榫卯与古农具

　　中国自古以农立国，创造了灿烂的农业文明。在农业生产过程中，中国人发明了各种各样的农业工具，而这些种类繁多的农具与榫卯有着千丝万缕的联系。无论是早在新石器时期的石斧等原始农具，还是后世的犁、耧车、龙骨水车、扇车等先进农具，在制作过程中都运用了榫卯工艺。

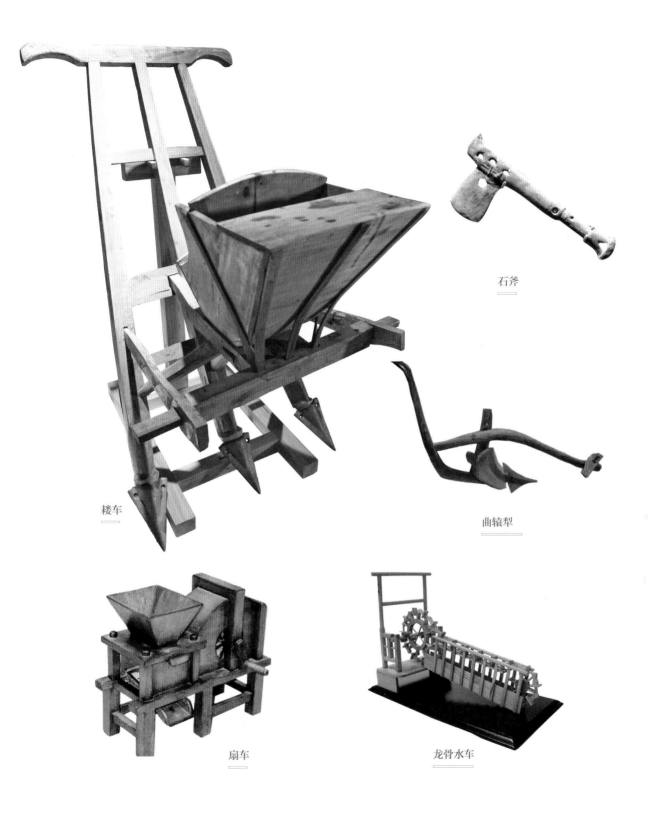

石斧

楼车

曲辕犁

扇车

龙骨水车

七、榫卯与青铜器

早在公元前 3000 多年，中国就有了青铜冶铸生产活动。商代中期，青铜泥范铸造技术达到鼎盛，形成了独具特色的以多块泥范组合成复合范的铸型工艺，创造出了后母戊鼎、四羊方尊等旷世珍品。

在泥范铸造工艺中，相邻两块泥范之间以及外范与内芯之间采用榫卯拼接固定。另外，在使用铸焊技术连接附件与器身时，也需要提前预留榫头和卯眼，再通过焊料进行连接。

西周时期青铜饮酒器父庚觯及其泥铸范模型

1. 雕塑出待铸造觯的泥模，刻出器上的纹饰。

2. 将泥模烘培至硬，然后在泥模上分块翻制外范。

3. 在外范型腔面上补刻精细纹饰。

4. 在外范表面贴上一层泥片，厚度与待铸造觯壁厚一致。组合后再次翻制，得到器身泥芯（内范）和带浇口、冒口（铸造过程中存贮铜液的空腔）的器足范。剥离泥片，形成觯的壁厚空腔。

5. 制作铭文泥模，烘干后嵌入器身主体泥芯形成复合泥芯。可见铭文和器形在制模时是分开的，而且也决定了大多青铜铭文都是内凹的阴文。

6. 合范，将分块制作的外范与泥芯组合成一体，外面糊上草拌泥固定。

7. 阴干陶范后，烘焙至 600~900 摄氏度预热，待浇注。

8. 浇注青铜液，冷却后清除外范和泥芯片，割除浇冒口，精整并抛光，得到青铜器。

榫卯结构在青铜铸造过程中的应用

八、榫卯与汉砖

砖是最早的人造建筑材料。在中国，砖出现于西周时期，榫卯结构砖则出现于汉代，被称为企口砖。榫卯结构加强了砖块之间的拉结，使建筑更加坚固。

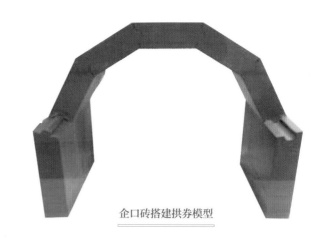

企口砖搭建拱券模型

东汉石砌大墓实景图

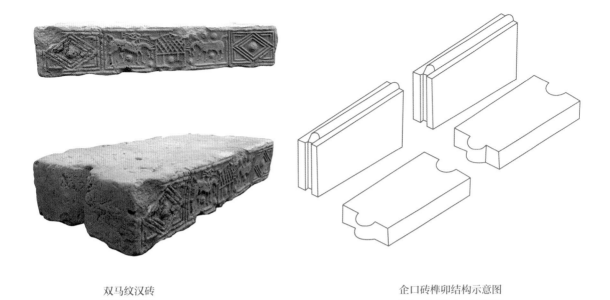

双马纹汉砖

企口砖榫卯结构示意图

九、铁榫卯

铁榫卯是指用铁质材料制
成的榫卯结构或构件。

元代铁锭榫模型

1. 黄河蒲津渡遗址桥头地锚

　　蒲津渡是黄河流域最大的古渡口，始建于春秋战国时期。从蒲津渡遗址出土的黄河大铁牛为蒲津渡曲浮桥的桥头地锚，铸造于唐开元十二年（724 年）。铁牛尾部立有七星铁柱 7 根，其中，方形铁柱与圆形铁柱之间采用榫卯工艺连接形成地锚，以固定用铁链串连船只形成的浮桥，牢固异常。

七星铁柱实景图

黄河蒲津渡遗址铁牛实景图

2. 赵州桥

　　赵州桥是中国古代四大名桥之一，建于隋代，位于河北省赵县洨河之上，是世界上现存最早的单孔敞肩式石拱桥。为了使桥身相邻的拱石紧密贴合在一起，在两侧外券相邻拱石之间以及各道券相邻石块拱背之上都嵌有"腰铁"，即铁榫卯，大大增强了整座桥的稳定性。

赵州桥上镶嵌在拱石间的"腰铁"

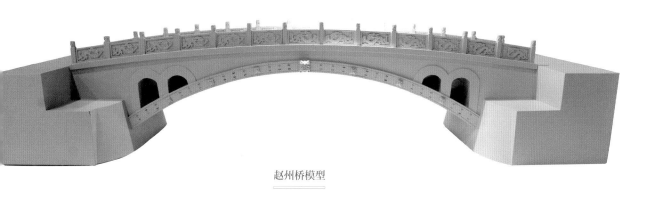

赵州桥模型

十、石榫卯

　　石榫卯是将榫卯技术应用于石材所形成的构件或者结构。石榫卯构件通常用于连接铺于地面的石板，石榫卯结构通常应用于牌坊、房屋等石制建筑当中。

　　基于木材受拉、受弯特性良好而具有较高合理性的榫卯结构，其损坏形式主要是榫头折断或卯口松脱。通常，榫头的断面比较小，只有在抗弯性能良好的时候才能承受一定的扭矩。而石材的抗弯性能较差，做成榫卯结构便容易断裂。因此，从力学角度分析，石材并不适合做成榫卯结构。

几种石榫卯结构

1. 石房子

石房子又名张公祠，位于贵州绥阳，建于清道光二十五年（1845 年）。石房子共有落地柱 22 根，软柱 7 根，穿枋落檐 21 根，全部采用石榫卯结构建成，堪称石头奇观。

石房子实景全貌及细节图

2. 石牌坊

　　牌坊是中国古代为表彰功勋、科第、德政以及忠孝节义所立的建筑物。石牌坊出现于元末明初，其结构完全仿照木牌坊，同样采用全榫卯结构建造。石牌坊整体稳定性较强，与木牌坊相比，前后不用戗柱支撑，每根柱下也不用夹杆石，而采用抱鼓石，坚固耐用，应用更加广泛。

明代石牌坊实景图

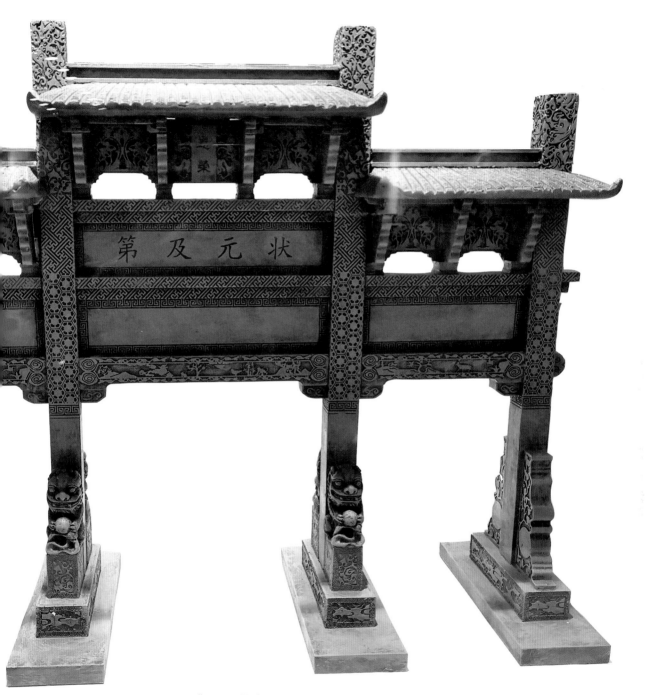

"状元及第"石牌坊模型

第五章

现代榫卯的演变

曾几何时，时代的发展、科学的进步和技术的革新，使榫卯渐渐淡出了人们的视线，但它却未曾消亡。如今，作为继承传统文化、弘扬工匠精神的载体，榫卯不断以崭新的面貌和丰富的内涵出现在人们的生产与生活之中，展现了它经久不衰、历久弥新的无限魅力。

一、现代榫卯建筑

1. 上海世博会中国馆

2010 年，作为现代斗拱概念建筑的典型代表，上海世博会中国馆以一个巨大的红色斗拱造型呈现于世，雄伟庄严，气势非凡。中国馆采用现代仿木钢结构，以四根巨型立柱承托起体量庞大的多层次巨梁空间。层层出挑、挑战重力的斗拱造型

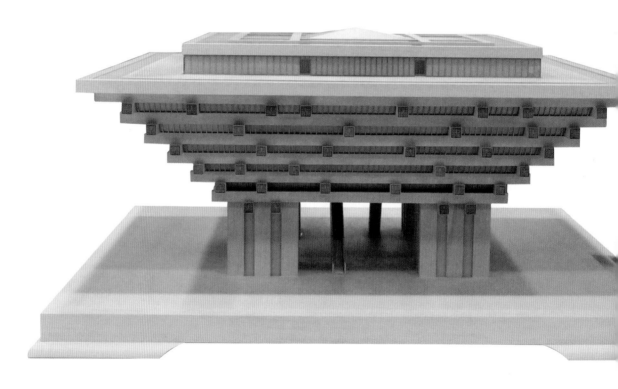

2010 年上海世博会中国馆模型（1 ∶ 150）

显示出现代工程技术的力度与美感，传达出精巧与力量、振奋
与向上的精神气韵，向世界展示了中国建筑悠久的历史积淀和
丰富的文化内涵。

2010 年上海世博会中国馆实景图

2. 中国科技馆新馆

在北京奥林匹克公园内，有一座外形为单体立方体的大型建筑，其整体构造为积木般的块体相互拼插咬合而成，呈现出一个巨大的鲁班锁造型，这就是荣获"中国建设工程鲁班奖"的中国科技馆新馆。鲁班锁蕴含的解锁探秘的含义，很好地传达了中国科技馆体验科学、启迪创新的建馆理念，使建筑本身形成了外在形式与内在精神的完美结合。

中国科技馆新馆模型（1∶300）

中国科技馆新馆实景图

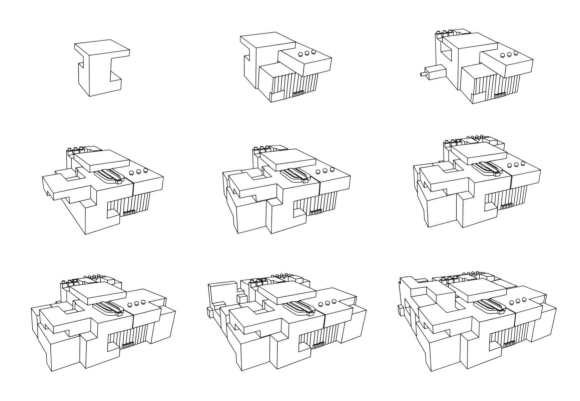

中国科技馆新馆模型拼插步骤示意图

3. 米兰世博会中国馆

在当代建筑语境下，传统的木结构榫卯受制于结构跨度、原木材料、防火性能、建造周期等问题，逐渐退出了历史舞台。随着胶合木技术的日渐成熟，建造师开始重新思考木结构在当代建筑中的应用。与原木相比，胶合木强度大、结构均匀、内应力小、不易开裂和变形，同时具有耐火性强、可降解的优点。

2015 年米兰世博会中国馆模型（1∶24）

2015 年米兰世博会中国馆（陆轶辰设计）采用胶合木为主材，以中国传统建筑中具有民族性和高辨识度的抬梁式梁架结构为灵感设计而成，整体结构由立柱、横梁等构件组成，东西向有 49 条木梁架，南北向有 37 条椽子。构件之间采用含有现代材质的榫卯构建连接，在胶合木节点中暗置了钢结构节点，由传统木结构的"木榫木卯"变成了"钢榫木卯"，构成了富有弹性的构架，形成了具有强烈中国传统建筑意象的中国馆形象，成为榫卯技术在现代建筑中巧妙应用的典范。

2015 年米兰世博会中国馆实景图

4. 瑞士苏黎世塔梅地亚大楼

此建筑为日本设计师坂茂的作品。整座大厦由相互独立的梁、柱、檩等木构件拼搭而成，摆脱了金属连接或胶水黏合，完全采用传统榫卯工艺建成。

瑞士苏黎世塔梅地亚大楼实景图

瑞士苏黎世塔梅地亚大楼实景细节图

二、现代榫卯家具

中国人讲究含蓄美，中国传统家具把榫卯当作结构部件，尽量把榫卯的咬合关系藏于内部，而把平整光滑的外观呈现于人。现代榫卯家具则恰恰相反，它往往将榫卯结构外化，甚至通过夸张、放大的方式将榫卯作为家具的亮点凸显出来，不藏反露，突出展示榫卯结构的精巧之美。

榫卯拼装小圆凳

现代榫卯家具《满月屏风》《箱椅》（刘铁军）

　　现代家具设计师将传统榫卯结构与现代设计理念相结合，通过现代生产工艺，打造出古朴又时尚、灵巧又耐用的现代榫卯家具，既满足了消费者对传统工艺文化的欣赏，又符合现代人的生活需求和审美追求。它是时代的产物，体现出了古老榫卯工艺世代相传、历久弥新的生命力。现代榫卯家具以榫卯结构连接为主，以胶合与五金件加固为辅，采用机器辅助开料，经传统手工工艺深加工而成，具有明显的手工痕迹。

现代榫卯家具实物图

三、现代榫卯艺术品

　　科学与艺术，犹如一枚硬币的两面，二者之间具有彼此依托、相互成就的重要联系。随着时代的发展，越来越多的艺术家回望中国传统文化，将古老的榫卯作为艺术创作的主题，以现代人的视角和思考赋予了榫卯新的时代内涵，创作出了大量优秀的榫卯艺术品，将榫卯的科学精粹与艺术魅力同时展现出来，给公众以强烈的视觉震撼和情感冲击，形成了具有传统文化价值的当代中国艺术。

1. 榫卯立体字

　　榫卯立体字是将榫卯与汉字结合而成的装置。远远望去，两个用实木制作的榫卯大字悬挂于展墙之上，走近之后却会发现其中的玄机：榫卯两个字的所有笔画都是由各种不同的榫卯构件组成的，而这些榫卯构件或取自建筑、家具，或源于农具、车船，体现出榫卯在古代用途之广泛。观众在破解笔画奥秘的同时，能够感受榫卯的千变万化与创造者的奇思妙想（此展品位于序厅）。

榫卯立体字

2. LED 鲁班锁雕塑

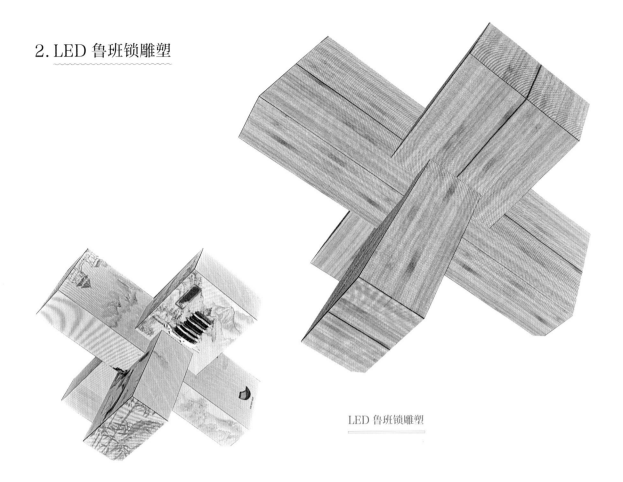

LED 鲁班锁雕塑

　　这是一件以中国古代传统的"六子联方"鲁班锁为造型的异形 LED 装置。以鲁班锁为造型是因为它是榫卯的一个代表性符号，可以完美地体现榫卯结构巧妙、扣合严密的特点。整个装置将传统文化、现代科技与当代艺术语言巧妙地融为一体。鲁班锁雕塑的每一个面都由 LED 拼接而成，伴随着舒缓的音乐，LED 屏幕上循环播放着从宇宙星空、地球家园、树木生长、四季轮回的自然之景到古代建筑、家具、车船、桥梁等榫卯杰作的优美画面。精心设计的画面传达给观众的是榫卯所蕴含的"天人合一"的自然观与"道法自然"的哲学意蕴（此展品位于序厅）。

3. 现代榫卯艺术品

《瓶合 2#》 （傅中望）

《联盒》 （陈康）

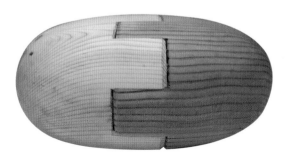

《种子 3#》 （傅中望）

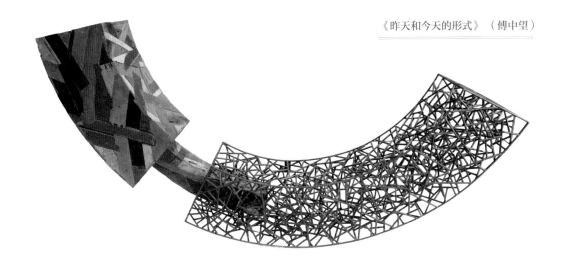

四、现代榫卯机械连接

在古代的中国，榫卯连接就曾应用于金属构件中。到
了现代，榫卯工艺在机械连接中的应用更加广泛，尤其在
燕尾导轨、键连接、花键连接、止口结构中特征明显。

1. 燕尾导轨

燕尾导轨是机床上的一种导轨，
由丝杠带动工作台在导轨上滑动。

燕尾导轨模型

2. 键连接与花键连接

　　键连接通过键轴和轴上零件间的周向固定，以传递运动和转矩。花键连接是由轴和轮毂孔上的多个键齿和键槽组成的。键齿侧面是工作面，依靠工作面的挤压来传递转矩。花键连接具有较高的承载能力，定心精度高，导向性能好，可实现静连接或动连接。

键连接模型　　　　　　　　　　　　花键连接模型

3. 止口结构

　　止口结构是用于定心、连接的结构。分为凸止口和凹止口，二者成对出现。

止口结构模型

五、榫卯结构在新型材料中的应用

在工业化、机械化、自动化程度越来越高的时代背景下，榫卯不再是解决连接问题的唯一或最佳方案，而是成为一种文化和精神的载体。

再生混凝土榫卯造型公共座椅

为了将传统智慧更好地融入现代生活，人们设计和制作出了多种新型环保的榫卯作品。采用具有优异性能和特殊功能的新材料，同时将榫卯结构进行简化和外露处理，使榫卯以一种全新的形式进入人们的视野，让这种古老的技艺焕发出新的活力。

可回收材料榫卯结构公共座椅

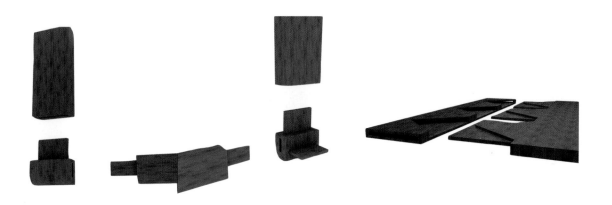

六、榫卯乐园

1. 现代鲁班锁

　　中国古代工匠以榫卯为基础发明了鲁班锁，使其成为深受人们喜爱的智力玩具。经过历代工匠的不断探索和苦心钻研，从最早的六子联方逐渐派生出了复杂多变、难度各异的鲁班锁类型。它们形式新颖、造型别致，适合不同年龄段的人群操作，已经成为现代人开发智力、娱乐身心的重要益智玩具。

现代鲁班锁

现代鲁班锁（张兴久捐赠）

作为河北省秦皇岛市鲁班锁制作技艺非物质文化遗产传承人，张兴久先生自 2002 年退休以来一直致力于鲁班锁的研究，截至 2018 年共设计研制出了 86 种鲁班锁创新款式。张兴久先生将鲁班锁开发成系列化产品，最小的由 3 根组成，最大的由 90 根组成，并在传统锁口方法的基础上创新开发了转动法、移动法和推拉开裂法 3 种新型锁口方法，大大丰富了鲁班锁的类型及玩法。

2. 拼插积木

组合式积木经过不断的发展演变，由原来相互独立、没有结构上的咬合、一触即倒的拼搭形式，演变为以榫卯形式为核心、构件之间彼此咬合拼接的拼插模式，连接牢固、易于拆装，深受儿童欢迎。

拼插积木

3. 拼图玩具

　　拼图是一种广受欢迎的智力玩具，它变化多样、难度不一，令人百玩不厌。拼图零片间的互锁通过其边缘凸起的"榫头"和凹陷的"卯眼"来实现，精巧牢固。

拼图玩具